從原理開始理解數學

難波博之・著　陳識中・譯

前言

「所謂的數學，不就是死背一堆意義不明的公式來解題嗎？數學到底哪裡有趣了？」

會問這種問題的人，通常是學生時代「覺得數學課好無聊」或者「不擅長數學」的人。而當我遇到這種問題的時候，總是不知該怎麼回答。

「究竟該怎麼做，才能讓人們理解數學的有趣之處呢？」

我一邊思索這個問題，一邊與自認不擅長數學的人們聊聊，或是翻閱市面上專門針對一般讀者的數學書尋找答案。然後有一天，我突然明白了。

很多對專門研究數學的人或數學愛好者而言再理所當然也不過的「常識」，一般大眾卻一點也不了解。

於是，我心想「**說不定這正是隔開了『擅長數學的人』和『不擅長數學的人』的那面巨大『牆壁』的真面目**」。

那麼，這些一般人幾乎都不了解的常識，究竟是什麼呢？

那就是，**數學的內容其實分為「規則（定義）」和「事實（定理）」2種**。

只要從「規則」和「事實」的角度來看數學，就能立刻像數學研究者和數學愛好者一樣，看見那個有趣而絕對不會讓人想睡的「超深奧數學世界」。

譬如，大家知道下面這幾個問題的答案嗎？

・為什麼×或÷要比＋或－先計算呢？
・為什麼分數的除法要把分母和分子顛倒過來呢？
・為什麼小數的乘法要先當成整數計算再點上小數點呢？
・為什麼三角錐的體積計算是用底面積×高÷3的公式呢？

這些都是在小學數學課上學到的，最基礎的計算和圖形公式。

然而，即便是小學程度的公式，我想大概也很少人能夠清楚回答出「為什麼是這樣？」吧。

若能認識「規則」和「事實」的區別，**對於數學（算數）本身的理解就能得到驚人的提升**。

然後，對於「為什麼是這樣？」的疑問，也能夠自信滿滿地回答。

在學校裡的數學（算數）課中，幾乎都忽略了「規則」和「事實」的區分法。

不僅如此，還常常把「規則」和「事實」混在一起。

因此，對很多人來說，數學（算數）才會變成「死背意義不明的計算和圖形公式的學科」。

而本書最主要的目標就是讓讀者能夠掌握數學中「規則」和「事實」的區分法，為此刻意以小學數學作為題材。

同時，本書將挑選幾個大家在小學數學課中都學過的算數和圖形公式，解說「為什麼會這樣？」。

不只如此，在最終章我們還挑選幾個算數的應用題，從擅長數學的人的視角和想法來解說這些問題。

考慮到本書的讀者應該會是自認不擅長數學的人，因此內容採用了扮演老師的「Masuo」和扮演學生的「不擅長數學的社會人，瑪莉」兩人對話的形式。相信即使是學生時代不擅長數學的讀者，也能流暢地閱讀。

若本書可以幫助學生時代對數學感到「無聊」或「痛苦」的人們發現數學的有趣之處，那就是筆者最大的喜悅。

難波博之

CONTENTS

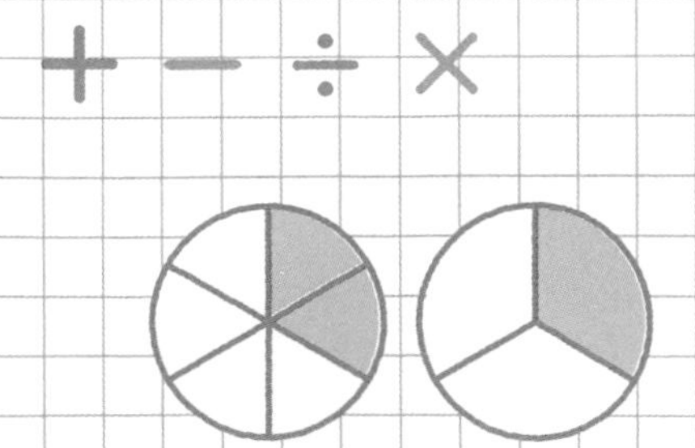

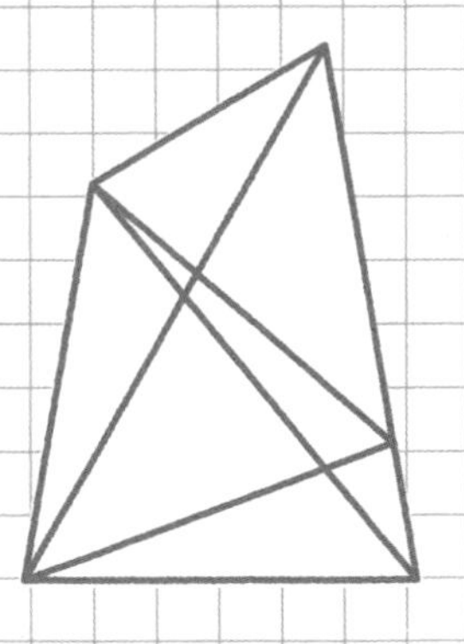

第1章 其實未來有可能改變!? 數學的「計算」公式

$\frac{a}{b} = a \div b$

第2章 其實定義很模糊!?「圖形」的公式

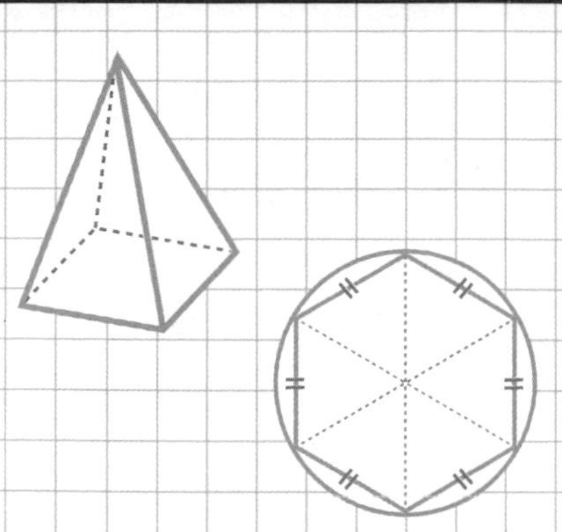

第3章
「努力能解開的問題」與「需要才能的問題」

本書的

登場人物介紹

Masuo老師

每月150萬點閱數的網站「高中數學的美麗物語」管理者。真實身分是東大畢業的超大型企業研究員。國中一年級時靠著自學學會高中範圍數學的數學迷。高中時曾在國際物理奧林匹克墨西哥大賽上得到銀牌。

瑪莉

在某公司擔任營業人員的20多歲女性。在自己和別人眼中都是典型文科生，學生時代的數學考試常常滿江紅。因為業績計算總是一場糊塗，每天都挨前輩罵，為了擺脫這樣的生活而下定決心學好數學。

學校不會教的「超深奧」數學世界

算數這門課，長大後重新學過也不遲

Masuo前輩！
聽說前輩您架了一個數學的網站，還出版了一本書喔！?

瑪莉，妳怎麼一臉蒼白的樣子啊？

其實，我被拜託去當我姪子的家庭教師，但我對數學根本一竅不通……。
結果我姪子居然笑我：「瑪莉阿姨明明是大人，居然連算數都不會呀！」。可惡，超不甘心的……。

原來如此……。
所以，妳是想重新把數學學好嗎？

就是這樣！
別說是數學了，我就連基礎的算數也記得零零落落……。平時也常因為搞錯數字，而被營業部長罵到臭頭。不過，我想趁這個機會，讓自己好好重來一遍……。請傳授給我數學的樂趣吧，Masuo前輩……不，Masuo老師！

我知道了。

既然妳這麼有決心，那我一定會幫忙的！

真的嗎？謝謝您！

為什麼小學數學課總是「沒有講解」呢？

其實，我從國中到高中，每次數學考試的成績都是滿江紅，非常不擅長數學。仔細想想，或許是因為在小學的時候基礎就沒打好吧……。

原來如此，很有意思的推論呢。

比方說，小學時的數學課都有教過「乘法和除法要比加法和減法先計算」的基本規則不是嗎？

當初老師在教的時候，我就一直想不通「為什麼不能單純從左往右算就好呢？」。

這是個好問題。很敏銳的觀點呢。

然後我問了老師，老師卻回答我：「瑪莉同學，**因為規則就是這樣，妳只要把它背下來就好了。**」

原來如此……。

在那之後，每當接觸到新單元，我的腦袋還是會一直冒出各種「為什麼？」。

然而，雖然我很努力依照老師說的「不要去想為什麼，總之記下來就對了！」，但還是始終有種耿耿於懷的感覺。

然後，等我意識到的時候，我已經完全搞不懂數學到底是什麼了……。

原來如此，妳的情況我都明白了。不過，我覺得妳的狀況並不是什麼特例喔。

我周遭也有很多學生時代不擅長數學的人，他們都有著跟妳一樣的經驗。

真的嗎 !?

原來不是只有我啊！太好了！

妳學生時代遇到的問題，一言以蔽之就是**「太深究規則（定義）」的狀態**。

太深究規則……？

學校沒有教的數學 定義是？

比如「乘法和除法要比加法和減法先計算」就是一種「規則」。

所謂的規則（定義），簡單來說就是「數學的運算習慣」。

但規則終究只是「由人決定的東西」，實際上**並不存在所有人都**

一定要採納的理由。

咦——！！原來沒有理由嗎！？

是的。

雖然說得出「為什麼這樣比較好的理由」，但並不存在「誰都無法反駁的理由」。

原來不存在明確的理由啊，真意外……。

所謂的「規則」，舉例來說就像「汽車要靠左行駛」這樣的法律。

但法律終究是「人類制定的東西」，並不是「真理」對吧？數學規則和它是一樣的。

規則不是「一定正確的東西」，所以未來仍有改變的可能。

咦——！真的嗎！？

明明是寫在學校課本上的內容，之後卻還有可能會改變嗎！？

是的。

不過，關於「乘法和除法要比加法和減法先計算」的部分，因為這已經是所有人都非常習慣的規定，所以未來再改變的可能性應該微乎其微。

即便如此，**也沒有辦法斷言說未來改變的可能性是0%**。

那難道說……數學課學到的內容，全部都是規則嗎？

不，事情並沒有那麼簡單……。

瑪莉的memo

- 數學規則終究只是「約定俗成」。
- 規則存在變更的可能性。

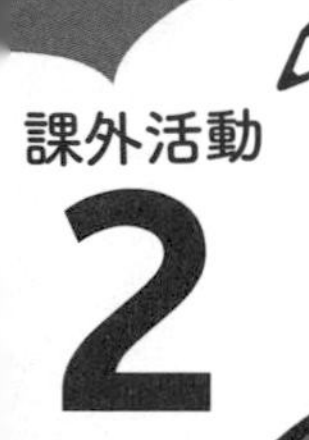

算數（數學）分為「規則」和「事實」！

學校不會教的「定義」和「定理」的差異

在數學的世界，存在著**約定俗成的「規則（定義）」，以及可被學術證明的「事實（定理）」**。

事實上，**不只有小學，國中和高中教科書中的內容，也往往把規則和事實混在一起教**。

原來除了規則，還有「事實（定理）」啊……。

已經得到學術證明的「事實（定理）」跟規則不一樣，未來再改變的可能性是0%。只要作為前提的規則沒有改變，就絕對不會被推翻。

了解數學的世界存在「規則」和「事實」2種不同的東西，乃是成為數學達人的第一步。

是這樣嗎!?

可是，規則跟事實不一樣這件事，我完全不記得以前上課的時候有教過……。

我想大多數人應該都跟妳一樣才對。

以我自己來說，也是在上大學後才開始有意識地明確區分「規則」和「事實」。

對於數學的研究者和在大學專攻數學的人來說，「規則」和「事實」的存在乃是「常識」，但一般大眾大概很少人有這種認知。

我也完全不曉得⋯⋯。

即使是翻閱市面上以數學為主題的相關書籍，我也常常看到讓人懷疑作者是否確實了解規則和事實兩者之間區別的文章。
而在學校內，會教學生確實區分「規則」和「事實」的老師應該也非常少見。

瑪莉的memo

- 數學的內容分為「規則（定義）」和「事實（定理）」。
- 想成為擅長數學的人，確實區分「規則」和「事實」很重要。

●深奧的數學世界 分為「規則」和「事實」

《規則（定義）》

- 數學中的約定俗成。
- 因為是「由人決定的規定」，所以不存在所有人都必須接受的理由。
- 未來仍有改變的可能性。

《事實（定理）》

- 已得到學術證明的東西。
- 只要前提的規則沒有改變，內容就絕對不會變。

數學真正的樂趣在於探究「事實」！

知道「定義」和「定理」的不同，理解就會更深入

我認為**數學的樂趣，就在於探尋「事實（定理）」**。世上有許多數學家焚膏繼晷地鑽研數學，就是為了發現新的「事實（定理）」。

哦——！原來如此啊！……不過，發現「事實（定理）」這件事，對連小學數學都很爛的我完全是另一個世界的話題吧……。我想學的不是那麼艱深的東西，而是更基礎的內容……。

不，這件事對妳而言絕對不是什麼另一個世界的話題喔。即使是在小學程度的數學範疇中，也存在很多「數學事實」，而且都是連瑪莉妳也能完全理解的內容。
就像妳剛剛說的，**因為小學數學課不論是「規則」還是「事實」都用「總之背下來就對了」的方法來教，所以大多數人恐怕都分不出兩者的差異**。

是啊，老實說我到現在還是對「規則」跟「事實」的差異沒什麼概念……。

所以說，接下來我會著眼於「規則」和「事實」的不同，逐一解說小學數學中的重要主題。

在「事實」的部分，也會一併輔以「證明」來講解。

相信一定能完全消除妳在學生時代抱持的疑問，讓學習數學這件事變得比以往有趣10倍。如此一來，在教妳的姪子數學時，一定也能變得更有自信！

哦──!! 我突然感覺躍躍欲試起來了！

……順帶一問，請問您剛說的「證明」是什麼啊？

數學世界中的「證明」，粗略來說，就是保證某主張在邏輯上是正確的嚴格說明。

唯有得到證明之後，這項發現才會被承認是「事實（定理）」。

換言之，所有的「數學事實」都一定存在證明。

有道是「百聞不如一見」，這裡就廢話不多說，直接開始進行我們的課程吧！

請您多多指教！

- **數學的醍醐味，在於發現並證明「數學事實」。**
- **釐清「規則」和「事實」的不同，對數學內容的理解會更加深入。**

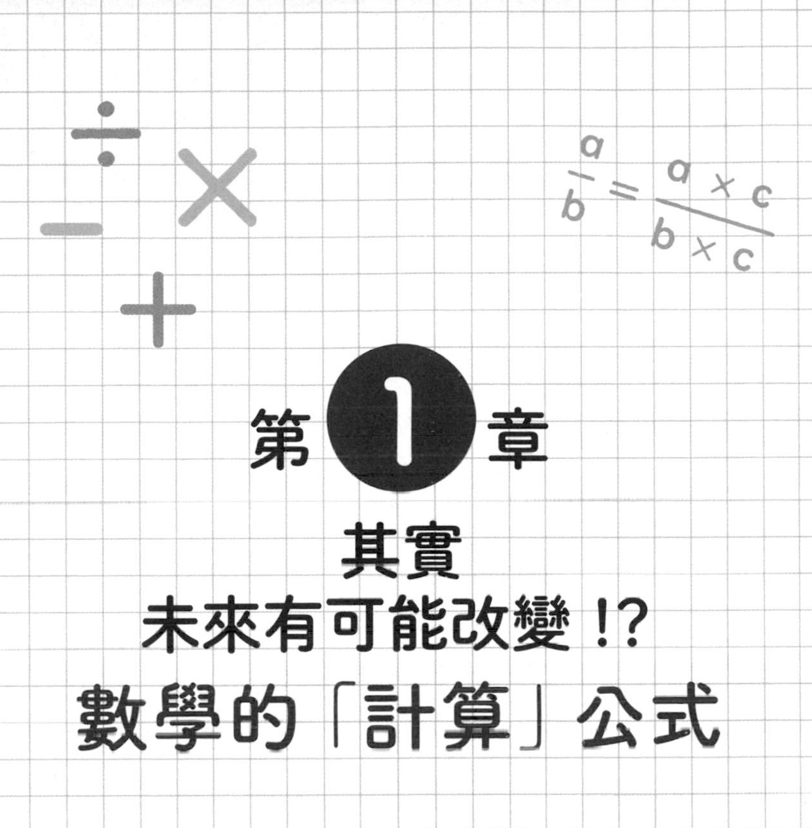

第1章 其實未來有可能改變!? 數學的「計算」公式

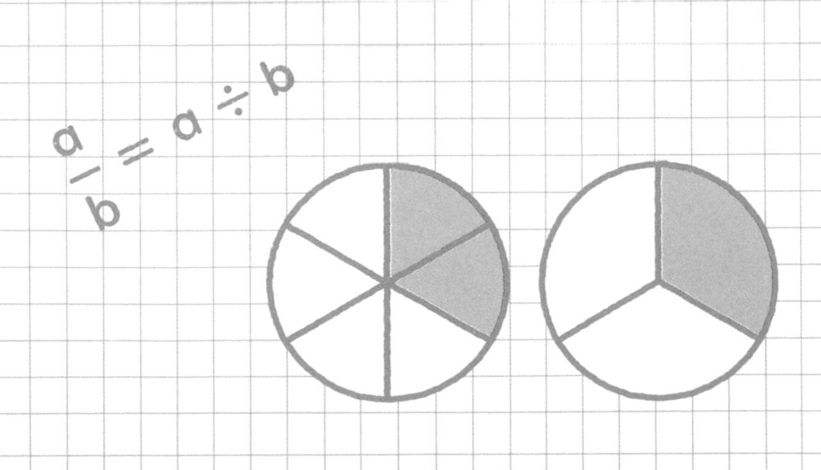

【計算的順序】

為什麼×或÷要比＋或－先計算呢？

小學時令人疑惑的「先乘除後加減」的理由

首先就從妳在小學數學課時最先產生疑惑的**「乘法和除法要比加法和減法先計算」**開始。

剛才也稍微討論過這個話題了。我記得您說這是一個「數學規則」對不對？

是的，**「先計算乘法和除法」是一個「數學規則」**。下面會舉出幾個我認為為什麼要採用這個規則的原因，但我自己也想不到「任誰都會100％信服的理由」。

「由左算到右」會有什麼不同？

舉例來說，讓我們來看看「1＋2×3」這個算式。

按照一般的規則要「先計算乘法」，因此計算的順序如下。

$$1 + 2 \times 3 = 1 + 6 = 7$$

的確應該是這樣呢。

但我在小學的時候，因為不明白為什麼一定要先算乘法，所以常常寫成下面這樣，於是就被老師打叉⋯⋯。

$$1 + 2 \times 3$$
$$= 3 \times 3$$
$$= 9$$

因為規則就是「先計算乘法」，所以妳這樣寫的確是錯的。

可是，到底為什麼不可以這樣計算呢 !? 從左邊依序算到右邊，這樣絕對比較好記不是嗎⋯⋯。

我也不是不能理解妳的感覺。

之所以要這麼規定的其中一個原因，是「先計算乘法和除法，就不用每次都要加上括號，比較方便」。

咦── !? 只是因為「比較方便」⋯⋯。那麼用「從左算到右」這個規則不是也可以嗎 !?

如果是在大家都有共識的情況下，就算採用這個計算規則，的確也是「可行的」。

舉例來說，假如瑪莉和妳的朋友都已經約定好使用「從左算到右」這個規則，那麼在數學上是沒什麼問題的。

咦——!! 原來是這樣啊……。可是，雖然您說「數學上沒問題」，但實際上用「從左算到右」這個規則，同一個算式算出來的答案會不一樣吧？

沒錯，的確會不一樣。我想用具體的例子來說明會更容易理解，所以讓我們用下面這個問題來思考吧。

問題

請問購買「7罐100元的果汁」和「5個500元的便當」一共需要多少錢？

呃——，果汁是「100元×7罐」，便當是「500元×5個」，所以答案是……？

依照「先計算乘法和除法」的規則，可以透過以下算式得出答案。

$$100 \times 7 + 500 \times 5$$
$$= 3200 \text{元}$$

那麼，如果採用「從左算到右」這個規則的話，答案又是如何呢？
瑪莉，請妳用「從左算到右」的規則計算看看同一個式子。

好，我知道了！

$$100 \times 7 + 500 \times 5$$
$$= 700 + 500 \times 5$$
$$= 1200 \times 5$$
$$= 6000 \text{元}$$

果然，答案不一樣耶……。

對呀。

使用「從左算到右」的規則的話，就必須像下面這樣把算式拆開才能算出正確答案。

100 × 7 = 700 元

500 × 5 = 2500 元

700 + 2500 = 3200 元

原來如此！

這樣子算出來的答案就會是正確的了！

除此之外還有另一個解決方法，那就是**加入「優先計算括號內的算式」這個新規則**，然後把算式整理成下面這樣。

(100 × 7) + (500 × 5) = 3200 元

比起分成3個算式，這樣寫簡單多了呢！

但是，如果用「先計算乘法和除法」的規則的話，就根本不需要加括號，反觀用「從左算到右」規則卻不能沒有括號。

原來如此，這樣我就明白「先計算乘法和除法」就不需要加上括號的意思了。

……可是，只是加個括號而已，應該沒什麼大不了的吧……。

當然，我想應該也有人跟妳一樣認為「加括號這點小事又沒什麼大不了」。

但是，如果算式變得更加複雜的話，又會如何呢？

譬如剛剛的問題只有「果汁」和「便當」2種物品，如果問題變成有10種物品的話呢？

只有果汁和便當的情況需要2個括號，如果增加到10種的話，代表括號也要跟著增加到10個嗎!?

就是這麼回事。

的確，在這種情況下採用「先計算乘法和除法」的規則就可以省略括號，確實輕鬆不少。但其他計算也是這樣嗎？

譬如，

・**3 枚 50 元硬幣跟 2 張 100 元鈔票一共是多少錢？**

→ 50 × 3 + 100 × 2

・**請問 567 按位數拆解是？**

→ 5 × 100 + 6 × 10 + 7 × 1

諸如此類日常生活中常常會用到的計算，如果使用「先計算乘法和除法」的規則，就可以省掉寫括號的工夫。

原來如此。
這樣我就明白「先計算乘法和除法，就不用每次都要加上括號，比較方便」的意思了。

因為「先計算乘法和除法」是一個數學規則，所以無法找到「所有人都能100％接受的理由」，但這樣有讓妳更能接受一點了嗎？

大概70％接受了！

「先計算乘法和除法」只是「數學規則」中的一個例子。
在數學的世界，還存在很多雖然不能斷言「非得這樣算不可」，但這樣算會更方便的規則。

沒想到在小學時期讓我困擾了這麼久的「先乘除後加減」，居然只是因為「方便」才定下的規則……。

就是這樣。

「先乘除後加減」只是一個規則，是沒有辦法去證明的。

如果把這個規則當成「事實」的話，在數學的世界可以說是錯的。

規則的意思是，未來有一天仍可能迎來「從左算到右的時代」對吧？

的確沒辦法斷言「絕對不可能」。

不過，正如剛剛說過的，「先乘除後加減」是一個非常方便的規則。

所以單就這個規則來說，「幾乎」可以說是絕對不會改變的吧。

瑪莉的memo

- **「先乘除後加減」終究只是規則。之所以這麼規定，單純是因為這樣算比較方便。**
- **在數學中，存在很多出於「方便」和「省事」而制定的規則。**

【質數】

為什麼「1」不是質數？

「質數」的規則

為了幫妳更深入理解什麼是數學規則，我想再介紹一個例子。
瑪莉，妳還記得**質數**嗎？

呃——，我記得在學校學過……。
印象中好像是只能被1整除的數……。

八九不離十了。
質數的完整規則如下。

《質數的規則》

所謂的質數，就是大於1，而且正因數只有1和自己的整數。

為防妳忘記什麼是因數，我再稍微補充一下。舉例來說，6是「2×3」，所以「2和3是6的因數」。
例如，小於10的質數有「2、3、5、7」這4個數。

我想起來了！
質數也有嚴謹的規則呢。
可是，為什麼還要加上「大於1」這個規定呢？
把1也當成質數不就好了嗎？

這畢竟只是規則，所以的確也有人認為「1應該當成質數」。
不過，大多數的人之所以能接受「質數不包含1」是有「合理理由」的。
這個理由**可以用「質因數分解的唯一性」這個數學事實（定理）來簡單解釋**。

……唯一性？
聽起來好像很難懂……。

只是字面上難懂，其實內容很簡單喔。

《質因數分解唯一性的數學事實》

2以上的整數，如果不考慮相乘的順序，全都只有1種質因數分解的方法。

譬如「12」這個數可以被分解成「2×2×3」這串「只由質數組成的乘積」。

「4×3」的話，因為4不是質數，所以不行對吧。

因為4可以繼續分解成「2×2」。按照這個思路，**「12」的質因數分解就只有「2×2×3」一種**。
這個命題無視「順序差異」，所以「2×3×2」跟「2×2×3」視為同一個算式。

那把1算進來的話，又有什麼問題呢？

如果把1也算成質數，那麼在做質因數分解的時候就會變成

$$12 = 2 \times 2 \times 3$$
$$12 = 1 \times 2 \times 2 \times 3$$
$$12 = 1 \times 1 \times 2 \times 2 \times 3$$

可以像這樣拆成好幾種表示法。
換言之，質因數分解的唯一性（只有1種質因數分解方法）就不成立了。

原來如此！
的確，因為1不管相乘幾次也不會變……。

如果要在把1當成質數的前提下來解釋「質因數分解唯一性」，就必須把描述改成「2以上的整數，如果不考慮相乘的順序，且扣除1的個數，全都只有1種質因數分解方法」。

好長好難讀……。還必須額外再補充「扣除1的個數」這句話呢。

一開始就加上「質數不包含1」的規則，解釋起來會方便得多。

「影響大的規則」與「影響小的規則」

所以質數不包含1，也是出於「這樣比較省事」的原因囉……。

但就算把規則改成「質數包含1」，也只是數學事實（定理）的表達方式變得稍微複雜一些，在數學上不會造成什麼大問題。

意思是這個規則並沒有那麼重要，是嗎？

就好像我們的社會中，也存在「為維護社會秩序的重要規則」，以及本身「對社會並不會帶來極大影響的小規則」不是嗎？
在數學的世界也一樣，存在著重要的規則和比較不那麼重要的規則。

原來如此……。
對了，那麼這個規則跟「先乘除後加減」比起來，哪個比較重要呢？

我個人是認為「先乘除後加減」比「質數不包含1」來得更重要。

那是為什麼呢？

因為改變「先乘除後加減」這個規則，會影響比較多數學事實（定理）和算式的表達方式。

不過，當然說不定也會有人認為「質數不包含1」才更加重要。

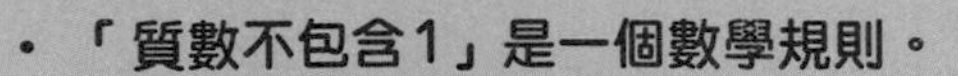

瑪莉的memo

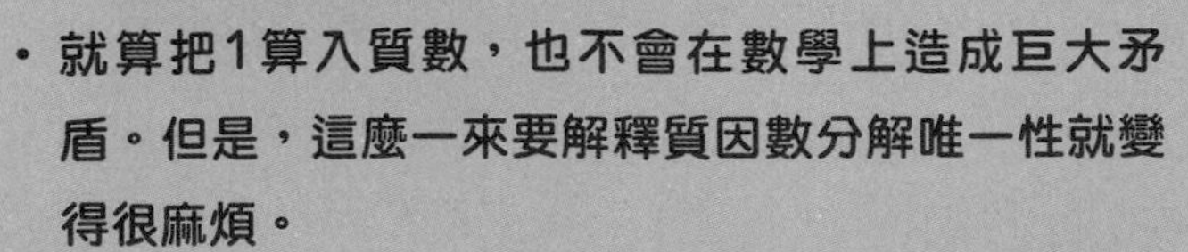

- 「質數不包含1」是一個數學規則。
- 就算把1算入質數，也不會在數學上造成巨大矛盾。但是，這麼一來要解釋質因數分解唯一性就變得很麻煩。

【倍數的判斷法】

為什麼可以用「數位相加」判斷是否為3的倍數？

在數學中，存在著絕對成立的「事實」

瑪莉，現在妳知道什麼是數學「規則」了嗎？

是，大致有個概念了。

那麼下面就來具體解釋「事實」的部分。

在數學的世界中，除了規則（定義）之外，還有「事實（定理）」的存在。跟規則不一樣，事實是經過學術證明的，所以不可被推翻。

那麼馬上來考考妳，請問「123」是3的倍數嗎？

這個問題的意思是「有沒有一個整數乘以3後等於123」對吧。

我想想，3乘以40是120，乘以41是……。

其實對於3的倍數，已經有人證明了以下的「事實」。

《3的倍數的數學事實》

對於所有整數，若各數位的數字和是3的倍數，則該數亦為3的倍數。

將123的各數位的數字相加，就會得到1＋2＋3＝6對吧？而6是3的倍數（3×2＝6）。因此，123是3的倍數。

原來有這個簡單就能判斷的方法啊。
可是，為什麼「各數位的數字相加是3的倍數，則該數亦為3的倍數」呢？

所有的數學事實都是經過「證明」的，這裡我就實際證明一遍，讓妳看看其中的原理吧。

拜託您了！

證明「1＋2＋3是3的倍數，所以123也是3的倍數」

首先，把123分解成「100＋20＋3」。
然後，再對各數位的數進行分解。

$$100 = 1 \times 100$$
$$20 = 2 \times 10$$
$$3 = 3 \times 1$$

接著，把100拆成「99＋1」，把10拆成「9＋1」。

$$
\begin{aligned}
100 &= 1 \times (99 + 1) \\
20 &= 2 \times (9 + 1) \\
3 &= 3 \times 1
\end{aligned}
$$

然後再把99拆成「3×33」，把9拆成「3×3」。

$$
\begin{aligned}
100 &= 1 \times (3 \times 33 + 1) \\
20 &= 2 \times (3 \times 3 + 1) \\
3 &= 3 \times 1
\end{aligned}
$$

換言之，123可以表示成下面這樣。

$$
\begin{aligned}
123 = &1 \times (3 \times 33 + 1) + 2 \times (3 \times 3 + 1) \\
&+ 3 \times 1
\end{aligned}
$$

變得幾乎都是3這個數字呢。

這裡我再把括號內的「＋1」提出來。

$$123 = 1 \times (3 \times 33) + 2 \times (3 \times 3) + 1 + 2 + 3$$

接著把藍色字的部分整理成下面這樣。

$$\begin{aligned} 123 &= \{1 \times (3 \times 33) + 2 \times (3 \times 3)\} + 1 + 2 + 3 \\ &= 3 \times \{(33 \times 1) + (3 \times 2)\} + 1 + 2 + 3 \end{aligned}$$

藍色字部分全都是3的乘法，所以可知是「3的倍數」。那麼，剩下的「1＋2＋3」又如何呢？

因為1＋2＋3＝6，也是3的倍數！

沒錯。因為是「3的倍數＋3的倍數」，所以可證明「123是3的倍數」。瑪莉，妳再重新看看下面的藍色字部分。有注意到什麼嗎？

$$123 = \underbrace{3 \times \{(33 \times 1) + (3 \times 2)\}}_{\text{3 的倍數}} + \underbrace{1 + 2 + 3}_{\text{各數位的和}}$$

啊！就是各數位的數字和！

沒錯。這就是「1＋2＋3是3的倍數，故123也是3的倍數」的原理。

證明「可從各數位的數字和判斷3的倍數」

可是，有沒有可能只是123這個數剛好符合呢？

這個定理也適用於123以外的數喔。那麼，讓我們假設某個百位數是A，十位數是B，個位數是C的三位數「ABC」再來分析看看。

$$ABC = 100 \times A + 10 \times B + C$$

按照剛才的要領，重新改寫這個式子。

$$\begin{aligned} ABC &= 100 \times A + 10 \times B + C \\ &= A \times (3 \times 33 + 1) + B \times (3 \times 3 + 1) + C \\ &= \{A \times (3 \times 33) + A + B \times (3 \times 3) + B\} + C \\ &= \{3 \times (A \times 33) + 3 \times (B \times 3)\} + A + B + C \\ &= 3 \times (33 \times A + 3 \times B) + A + B + C \end{aligned}$$

啊！式子的後半段變成「A＋B＋C」了!!
好神奇喔～！
為什麼會這樣呢？

這結果背後有著堅實的理由。

簡單來說，是因為$A \times (3 \times 33 + 1)$和$B \times (3 \times 3 + 1)$的括號中都有「＋1」。以「200」為例，可拆解成$200 = 2 \times (3 \times 33 + 1)$對吧。

「＋1」可乘以該位的數位2後提出括號外，所以可寫成$200 = 2 \times (3 \times 33) + 2$。

原來如此！對了，這個定理對三位數以外的數也適用嗎？

不論是二位數還是四位數，都可以用相同的方式變形。

【二位數整數的情況】

$AB = 3 \times (3 \times A) + A + B$

→若各數位的和$A + B$為3的倍數，則原數AB也是3的倍數。

【四位數整數的情況】

$ABCD = 3 \times (333 \times A + 33 \times B + 3 \times C) + A + B + C + D$

→若各數位的和$A + B + C + D$為3的倍數，則原數ABCD也是3的倍數。

雖然這裡省略沒有列，但此定理對五位數以上的數也統統有效。

順帶一提，如果是擅長數學的人看到上面的證明，可能還會發現另一個事實。

另一個事實……？

讓我們再看一次公式。是不是也可以變形成下面這樣呢？

$$
\begin{aligned}
ABC &= 3 \times (33 \times A + 3 \times B) + A + B + C \\
&= 9 \times (11 \times A + B) + A + B + C
\end{aligned}
$$

啊！這次變成「9的倍數＋各數位的和」了！

是的，跟3的倍數一樣，9的倍數也存在相同的數學事實。

《數學事實》

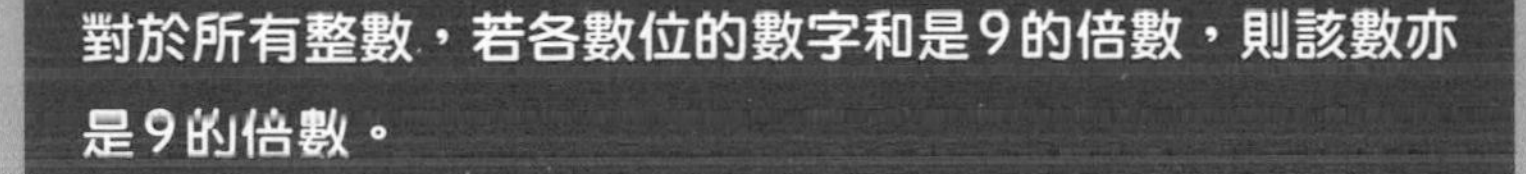

對於所有整數，若各數位的數字和是9的倍數，則該數亦是9的倍數。

瑪莉的memo

- 「若各數位的和是3的倍數，則該整數也是3的倍數」是一個數學「事實」。
- 在數學中，所有「事實」必然存在證明。

【除法】

4 為什麼「6÷2＝3」？

小學學過的「等分法」的除法規則

雖然還有點懵懵懂懂的，但感覺我開始能夠理解數學「規則」和「事實」的差別了！

那麼，讓我們繼續往下說吧。接下來，我想聊聊「除法」的部分。

我記得我在小學時除法學得非常辛苦……。

在小學的數學課程中，很多人都會在除法這關遇到瓶頸。瑪莉，妳在小學的時候有沒有學過下面這樣的除法規則呢？

《除法的規則》

除法「a÷b」的意思，就是將a個物品平均分給b個人後，每個人可以分到的物品數量。

用圖畫來表示就像右頁的感覺。

●學校教的「6÷2=3」的概念

把6顆橘子

分給2個人後

每個人拿到3顆

對，一點也沒錯！

我的小學老師也是這樣教的。

除法在小學課程中通常是緊接在「乘法」之後。原因是在計算除法時，也會用到乘法的概念。

如果沒學好乘法跟九九乘法表的話，除法就很容易卡住呢～。

其實，根據妳在小學學到的「除法規則」，可以導出以下的「數學事實」。

《數學事實》

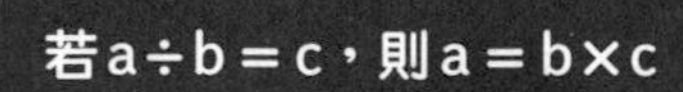

若$a \div b = c$，則$a = b \times c$

……根據規則，可以導出事實？

奇怪？「規則（定義）」和「事實（定理）」不是2種不一樣的東西嗎？

前面我的確是把數學的「規則」和「事實」分開來講解，所以妳的理解絕對沒有問題。

不過，其實「規則」和「事實」這2個詞之間，還存在有以下的關係。

《「規則」和「事實」的關係》
基於某個既定的數學「規則」，必然可以導出的結果，就叫做數學「事實」。

採用「分配法」這個規則來定義除法時，相對於a÷b的答案c，a＝b×c必然也成立對吧？
譬如，相對於6÷2＝3，6＝2×3必然是成立的。

……的確是這樣沒錯。

所以，基於「除法『a÷b』就是把a個物品等分給b個人後，每個人可以拿到的數量」這個規則，「若a÷b＝c，則a＝b×c」必然是正確的，所以這是一個「事實」。

原來如此……。雖然還不能說百分之百，但我大概理解老師您說的意思了。

小學的「除法規則」為什麼很難懂？

然而，若採用「分配法」這個規則，在遇到譬如像是2÷0.5這種含有小數的除法時，就會馬上遇到問題。

問題

請問把2顆橘子分給0.5個人，每個人可以拿到幾顆橘子？

完全不知道分給0.5個人是什麼意思呢……。
雖然知道答案是4，但橘子明明只有2顆，最後每個人卻能拿到4顆，很明顯不合理啊……。

一點也沒錯。
「分配法」這個規則，無法正確地說明小數的除法。

小學沒教的「除法規則」

那麼，到底該怎麼理解小數的除法呢？

只要更改規則就行了。

咦 !? 規則還可以更改嗎？

是的。小學的數學課使用的是「把a顆橘子等分給b個人，則每個人可以分到橘子數為c」這個除法規則。而採用這個規則，可以推導出以下事實。

若 $a \div b = c$，則 $a = b \times c$

可是，使用等分規則的話，就沒辦法正確解釋小數的計算不是嗎？

所以，我們要參考這個事實，把規則改成下面這樣。

《新的除法規則》

所謂的 $a \div b$，就是 $a = b \times c$ 的 c。
換言之，就是乘以 b 後等於 a 的數。

呃呃……。
那「2顆橘子分給0.5個人」的問題，最後要怎麼辦啊？

此時請暫時把「分配法的除法」這個概念（舊的除法規則）丟掉吧。

把概念丟掉??

請用下面的方式來思考2÷0.5。

找出乘以 0.5 後，答案等於 2 的數。

讓我們實際做做看。

$2 \div 0.5 = c$
→找出 $0.5 \times c = 2$ 的 c。
因為 $0.5 \times 4 = 2$，故 $c = 4$。
所以 $2 \div 0.5 = 4$

改用新規則來思考，小數的除法也變得可以解釋了呢。**所以除法其實並不是「分東西用的計算」**啊！

的確是這樣沒錯。
將某種運算反過來操作的運算叫做「逆運算」。而**「除法就是乘法的逆運算」**。

除法是乘法的反過來算？

使用除法的新規則就會得到若「$a = c \times b$」，則「$a \div b = c$」。
將這2個式子的意義放在一起比較的話，

・對 c 進行「乘法（× b）」會得到 a
・對 a 進行「除法（÷ b）」會得到 c

可看出「乘法」和「除法」互為相反的關係。

這樣我就明白**「除法就是乘法的逆運算」**的意思了。但為什麼小學的時候不像您這樣教呢？

除法的英文是「division（分割、分配的意思）」，的確是一種**在「分配物品」時很方便的計算方法**。或許是因為在小學的階段，更重視具實用性的除法概念吧。

但也多虧這樣，產生了很多跟我一樣對小數除法感到暈頭轉向的學生……（哭）。

「除法是乘法的逆運算」這個規則雖然乍看不好理解，但這個規則可以適用的範圍更廣喔。

瑪莉的memo

・原來，除法不是「分東西的計算」，而是「乘法的逆運算」！

【0的除法】

其實「2÷0＝0」是錯的！

能夠計算出「2÷0」嗎？

為了更加深妳對於「除法」的理解，接著我想將「0的除法」提出來討論。

瑪莉，妳知道「2÷0」的答案是什麼嗎？

我想想，是0嗎……？

其實……我在小學的時候也一直搞不太懂跟0有關的計算……（汗）。

首先，讓我們先用「分東西」的舊除法規則來思考看看什麼是「2÷0」吧。

也就是「把2個東西等分給0個人，每個人可以分到多少？」的意思。

「分給0個人」，完全不知道是什麼意思啊……。

一點也沒錯，瑪莉。回答「不知道」就OK了！

那麼，接著再用「乘法的逆運算」規則來思考看看。

也就是說，「根據逆運算的規則，2÷0就是求0×c＝2的c」。

咦？但0不管乘以什麼數答案都是0啊……。

沒錯，因為0不論乘以什麼數都是0，所以可以得出以下結論。

2 ÷ 0的答案不存在。

原來如此！所以答案不是0，而是「不存在」啊！

其他種類的「0的除法」

沒錯，就是這麼回事。
那麼，「0÷2」的情況又是如何呢？
從「分東西」規則來思考「0÷2」，就等於「把0個東西等分給2個人，每個人可以拿到多少？」的意思。

一開始就是0個，不管分給幾個人答案都還是0啊。

一點也沒錯，答案就是0。
而從「乘法的逆運算」規則來思考，0÷2就相當於求「$2\times c=0$的c是多少？」。

因為答案必須是0，所以c是0對吧。

正確。答案是0。

那麼，「0÷0」的時候又如何呢？

0個東西分給0個人，簡直莫名其妙……。

的確。答案是「不知道」。

那麼，再從「乘法的逆運算」規則來思考看看吧。

若$0\times c=0$，則c應該是多少呢？

不管什麼數乘以0都是0啊……。

沒錯，因為任何數乘以0後都等於0，所以答案是「任意數」。

哦——！得到答案了！

將前面的內容統整一下，可以畫出右頁的表格。

	（分東西） 規則	（乘法的逆運算） 規則
0÷2	0	0
2÷0	不知道	不存在
0÷0	不知道	任意數

由表格可看出「乘法的逆運算」規則可以應付更多的情境。

所以說，從表格可以確定「乘法的逆運算」才是真正的除法規則了呢！

順帶一提，在前面的說明雖然說0÷0的答案是任意數，但除法的結果沒有固定答案的話會很不方便，所以一般通常認為「0÷0的答案是不定值（不定義）」。換言之，目前普遍使用的除法規則是前面提到的「新除法規則」修正後的版本。

《除法規則》

所謂$a \div b$，就是「存在單一特定值c乘以b後等於a時」的c。
（若「不存在單一特定值」的話，則$a \div b$沒有意義）

當$b=0$的時候，因為不存在「乘以b後等於a的c」，或者c可以是任意數而不是單一特定值，所以$a \div 0$沒有意義對吧。

正是如此。「分配法」雖然是很簡單易懂的除法規則，但它沒有辦法妥善解釋小數的除法。
相反地，「逆運算的概念」雖然有點難懂，卻可以用一個規則來解釋小數和0的除法。
由此可見，在數學中「對於無法用簡單易懂的規則解釋的部分，通常會傾向定義一個更普遍適用的新規則來重新詮釋整體」。

瑪莉的memo

・「$2 \div 0$」的答案不是0，而是不存在（無意義）！

【分數的加法】

6 為什麼分母不用變，只要分子相加就好？

「遇瓶頸者」接連不斷，分數的計算

理解除法後，接著來看看「分數」吧。

呃！分數！我最討厭分數了啦～！

分數的計算，不是要對齊分母，就是要分子分母顛倒……實在是麻煩到一個不行……。

跟妳一樣對分數的計算「感到難以理解」的人似乎很多。分數 $\frac{a}{b}$ 的規則如下：

《分數 $\frac{a}{b}$ 的規則》

$$\frac{a}{b} = a \div b$$

譬如，$\frac{2}{3}$ 就是 $2 \div 3$ 的意思。下面我想以這個規則為前提，證明「分數加法的數學事實」。

咦！分數的加法是「事實」嗎？

是的。基於「$\frac{a}{b}$ 就是a÷b」這個規則，我們可以證明「只要分母相同，分數就可以進行加減」這個數學事實。

「分數的加法」難以理解的原因

以前在學校的數學課中，老師們應該常常用「切蛋糕」來比喻分數的加法。

對呀，像是「把蛋糕切成5等分，1片蛋糕加上3片蛋糕就是5分之4塊蛋糕」吧？

沒錯。這種思考方式在感官上是比較容易理解的。讓我們用圖來表示吧。

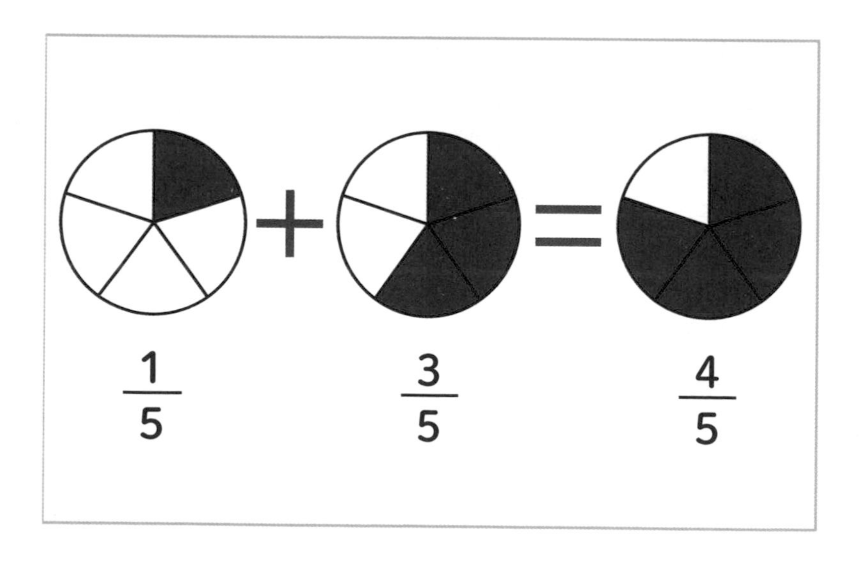

畫成圖之後，很直覺就能理解呢！

但如果只是**因為「感官上容易理解」，就一直在計算時採用這種曖昧不明的規則，之後可是會遇到問題的**喔。

用曖昧不明的規則會有什麼問題呢？

請回想一下「0的除法」。

如果一直使用「將事物依人數等分」這種模糊的規則，當遇到「0的除法」時就會無法得出明確的答案。

分數的計算也是，**唯有確保數學上的穩固根基，才能充滿自信地解釋什麼是分數的計算**。

確實，在看過「0的除法」後，這種曖昧不明的規則的確有點讓人不安呢⋯⋯。

數學愛好者的一大特徵，就是會「對不明確的數學規則感到不安」喔。

就算是大多數人都「不假思索」就接受的規則，數學愛好者也會想要探究到底呢（笑）。

證明「分數的加法」

把前面介紹的「除法規則」確實烙印在腦中的話，我想分數的加法應該也很好理解。

就是「除法是乘法的逆運算」對吧！

是的。那麼我們來證明「分數的加法」。這裡也和除法相同，分母一定是不為0的數。

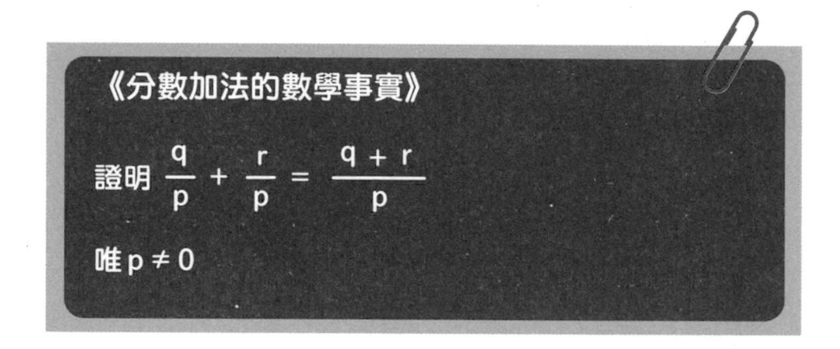

《分數加法的數學事實》

證明 $\frac{q}{p} + \frac{r}{p} = \frac{q+r}{p}$

唯 $p \neq 0$

抱歉……。太突然了，我有點跟不上……。

這是用來表達「當分母同為『p』時，分子q和r可直接相加」的公式。

讓我們把此式的左項套用剛才的分數規則 $\frac{a}{b} = a \div b$，改寫成下面的形式。

$$\frac{q}{p} + \frac{r}{p} = (q \div p) + (r \div p)$$

原來可以直接改寫成除法式啊！

換言之，可以說所謂的分數加法就是像

$$(q \div p) + (r \div p)$$

這樣的「除式的加法」。
這裡我們試著把整個式子乘以「p」。

$$\{(q \div p) + (r \div p)\} \times p$$
$$= (q \div p) \times p + (r \div p) \times p$$

等等……請稍微等一下！為什麼突然要把整個式子乘以「p」啊！

妳等一下就會懂了。總之先保持耐心，讓我們繼續算下去吧。首先，是(q÷p)×p的部分。

呃呃，因為$(q \div p)$就是「乘以p後等於q的數」，所以……。

「乘以p後等於q的數」乘以p後會變成什麼呢？

哎？感覺好像在猜謎喔……。
我知道了！就是「q」對吧！

雖然有點像是廢話，但答案就是這樣沒錯。
因為我們知道$(q \div p) \times p = q$。
同樣地，我們也知道$(r \div p) \times p = r$。
換句話說，以下的算式成立。

$$(q \div p) \times p + (r \div p) \times p$$
$$= q + r$$

變成「普通的加法」了！

對呀。把剛剛做的事情統統整理起來，就能得到「$\frac{q}{p} + \frac{r}{p}$乘以p後等於$q + r$」的結論。那麼，「乘以p後等於$q + r$的數」用除法來表示，會是什麼樣子呢？

我想想，因為「乘以b後等於a的數是$a \div b$」，所以「乘以p後等於$q + r$的數就是$(q + r) \div p$」嗎？

一點也沒錯。

換言之，我們已經知道 $\frac{q}{p}+\frac{r}{p}=(q+r)\div p$。

最後，使用分數的規則 $\frac{a}{b}=a\div b$，將右項除式$(q+r)\div p$改用分數表示，就得到「$\frac{q}{p}+\frac{r}{p}=(q+r)\div p=\frac{q+r}{p}$」的結果。

如此一來，即可證明「當分數的分母相同時，分子可以直接相加」這件事。

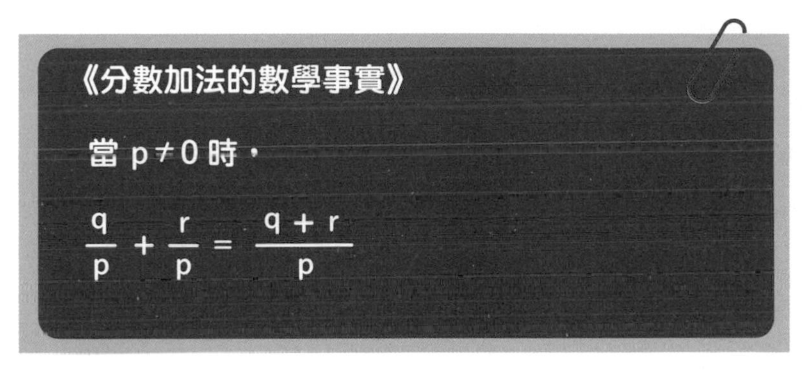

雖然繞了很大一圈，但全部都連起來了呢！

拋棄「分蛋糕」的概念，即可理解分數的計算

雖然有點難懂，但只要耐心看下去，真的就完全理解了呢！

這個分數加法的證明，如果沒有「除法是乘法的逆運算」規則，就沒辦法證明出來。

意思是若不了解「除法的真正規則」，就沒辦法理解這個「分數的加法」對吧！

老實說，我自己其實也有一段時間認為用分蛋糕來說明會更好懂。

咦！真的嗎？

然而，為了要理解更高級的數學內容，只靠感官的說明還是有其極限。

可是，感覺果然還是蛋糕的解釋比較好想像……。

如果只看這個部分的話，或許的確會有那種感覺。那麼，我們再來看看分數的其他計算吧。

瑪莉的memo

- **根據「除法是乘法的逆運算」和「分數＝除法」這2個規則，可以證明分數加法的數學事實。**

【分數的乘法】

7 為什麼要分母乘分母、分子乘分子呢？

請先暫時忘記「蛋糕」這件事

講完分數的加法，接下來換「減法」嗎？

不，減法部分的要領跟「加法」完全相同。只要把「分數加法」中的「＋」換成「－」，就能直接套用一樣的證明了。

那麼，接下來是乘法囉！

是的。分數的乘法只有「分母乘分母，分子乘分子」這個規則，計算方法本身很簡單。

……可是，「5分之1塊蛋糕乘上3分之2塊蛋糕」，完全不知道是什麼意思呢……。

就是說啊（笑）。當然，繼續用蛋糕來解釋，對於大概的理解還是很有效的。然而，為了踏入乘法之後的領域，讓我們更進一步，挑戰更深入的理解吧。

我知道了！那就拜託您了！

用「逆運算」證明分數的乘法

那麼，讓我們重新用「分數＝除法＝乘法的逆運算」這個觀念來檢視分數的乘法吧。

$$\frac{a}{b} \times \frac{c}{d}$$

使用「分數是除法的另一種表達方式」這個規則，可以將上面的數學式改寫成下面這樣。

$$\frac{a}{b} \times \frac{c}{d} = (a \div b) \times (c \div d)$$

到這裡都跟上一節加法的思考方式一樣呢！

這裡請回想一下「除法是乘法的逆運算」這個規則。也就是「所謂的a÷b，就是乘以b後等於a的數」。

是在加法的章節也出現過的觀念呢！

是的。這個規則在先前的證明中也出現過，那麼「乘以b後等於a的數乘以b」，答案會是什麼呢？

雖然聽起來很繞口，但答案就是「a」吧？

對，正確答案！ $c \div d$ 也用同樣的方式思考，即可得知以下數學式成立。

$$\{(a \div b) \times b\} \times \{(c \div d) \times d\} \leftarrow \text{分別變成 a 和 c}$$
$$= a \times c$$

換言之，也就是前面的乘式 $(a \div b) \times (c \div d)$「分別乘以b和d」後，答案會是「$a \times c$」的意思嗎？

瑪莉，看來妳已經相當清楚了喔！
寫成算式會是下面的形式。

$$(a \div b) \times (c \div d) \times b \times d = a \times c$$

這裡，讓我們把除式重新改回分數式。

$$\frac{a}{b} \times \frac{c}{d} \times b \times d = a \times c$$

分別乘以兩數的分母，就變成只有分子相乘的乘式了呢！

上面這個式子用文字描述就是「$\frac{a}{b} \times \frac{c}{d}$ 乘以b×d後等於a×c」的意思。然後，「乘以b×d後等於a×c的數」也就是(a×c)÷(b×d)喔。

原來如此。也就是像下面這樣對不對？

$$\frac{a}{b} \times \frac{c}{d} = (a \times c) \div (b \times d)$$

正是如此。最後把右邊的除式改成分數，就會變成下面這樣。

$$\frac{a}{b} \times \frac{c}{d} = \frac{a \times c}{b \times d}$$

換成實際的數字，就是下面這種感覺吧。

$$\frac{1}{5} \times \frac{2}{3} = \frac{1 \times 2}{5 \times 3}$$

這樣就能理解為什麼分數的乘法可以用「分母乘分母，分子乘分子」來計算了！

是的。這樣就能證明「分數的乘法等於分母乘分母，分子乘分子」這個數學事實了。

《分數乘法的數學事實》

$$\frac{a}{b}\times\frac{c}{d}=\frac{a\times c}{b\times d}$$

難以理解的分數，也能只用數學式來理解

以前我一直覺得「5分之1乘以3分之2」的概念很難懂，但改用數學式的話，就能理解為什麼是分母乘分母、分子乘分子了。

學校之所以使用蛋糕的比喻，只是為了幫助學生在某些特定場合理解此類分數的運算而已。

可是，原來這個比喻反而會妨礙我們理解「真正」的分數啊……。

瑪莉的memo

- **根據「除法是乘法的逆運算」和「分數＝除法」這2個規則，可以證明分數乘法的數學事實。**
- **為了「真正」理解分數，必須忘掉蛋糕的譬喻！**

【通分】

為什麼分母和分子可以同乘一個數？

分數運算的另一個困難點「分母不同的分數加法」

在「分數的乘法」之後，接著我想來聊聊「不同分母的分數加法」。

就是像「3分之1塊蛋糕加2分之1塊蛋糕是多少塊蛋糕？」之類的問題吧？這種題目根本沒辦法計算呢（笑）！

瑪莉妳真的很喜歡蛋糕的例子呢（笑）。

是啊……。

因為像我這種文科人，只要提到「分數」就會反射性地想到「蛋糕」啊！

用蛋糕來理解的話，小學的時候，老師應該都是用「先把蛋糕分成6等分，然後把其中2塊跟其中3塊加起來」的方式來教的吧？

$$\frac{1}{3}+\frac{1}{2}=\frac{2}{6}+\frac{3}{6}=\frac{5}{6}$$

$$\frac{1}{3}+\frac{1}{2}=\frac{1\times2}{3\times2}+\frac{1\times3}{2\times3}=\frac{2}{6}+\frac{3}{6}=\frac{5}{6}$$

對對對！就是那樣！
老師說先把分母和分子同乘以一個數，再把分子相加……。

我想這姑且也算是能夠用「感官」理解的教學方式。

雖然這個講解我還算聽得懂，但我記得我一直想不通「為什麼分母和分子同乘以一個數之後，其值不會變呢？」這個問題……。

其實，這部分的內容在剛剛「分數的乘法」中有稍微提到過。
總之讓我們證明一遍看看吧。

證明「通分的事實」

您是要證明「為什麼分母和分子同乘以一個數之後，其值不會變呢？」這個問題嗎？

是的，我要證明下面這個通分的數學事實。

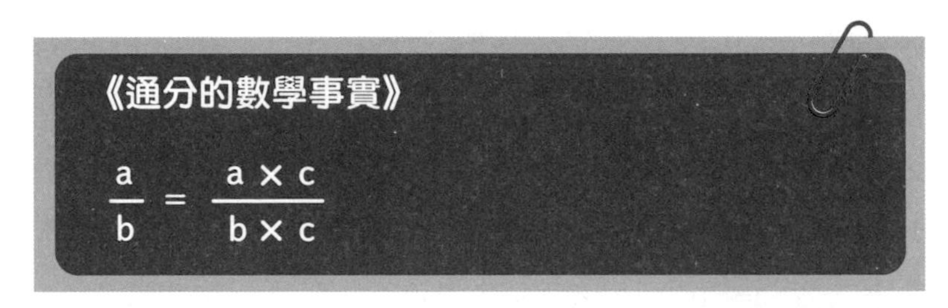

原來如此。
是要證明 $\frac{a}{b}$ 這個分數，跟分母和分子同乘以c的數 $\frac{a \times c}{b \times c}$ 兩者的值相同對吧？

正是如此。
首先，請回想一下分數乘法的數學事實。

《分數乘法的數學事實》

$$\frac{a}{b} \times \frac{c}{d} = \frac{a \times c}{b \times d}$$

瑪莉，請把$c = d$代入這個式子。

嗯，像這樣嗎？

$$\frac{a}{b} \times \frac{c}{c} = \frac{a \times c}{b \times c}$$

沒有錯。
那麼，請問「$\frac{c}{c}$」是多少呢？

分數可以改寫成除式，所以把「$\frac{c}{c}$」當成「$c \div c$」，就是乘以c後等於c的數，答案是「1」！

一點也沒錯！
整理之後，就可得到下面的結果。

$$\frac{a \times c}{b \times c} = \frac{a}{b} \times \frac{c}{c} = \frac{a}{b} \times 1 = \frac{a}{b}$$

原來如此，這樣就證明通分的事實了呢。
只要知道「除法」和「分數」的關係，就能毫無困難地理解呢！

妳可以把通分想成「分數的乘法」中$c=d$的特殊情境。
就像這樣，在數學中很多時候可以透過「普遍重要的數學事實（譬如分數乘法的事實）」推導出「其他事實（譬如通分的事實）」喔。

瑪莉的memo

- **「通分的事實」可以輕易從「分數乘法的事實」推導而出。**
- **在數學中很多時候可以從「普遍重要的事實」推導出「其他事實」。**

【分數的除法】

為什麼是分母和分子顛倒過來相乘？

小學數學的最難關卡「分數的除法」

講完了「分數的乘法」，接下來終於要進入「分數的除法」了。

果然分數的除法也很難以分蛋糕的例子來理解呢……。「把3分之1塊蛋糕再分成2分之1」……，請教教我這到底是怎麼回事吧！

如果不忘掉蛋糕的比喻，恐怕很難正確理解分數的除法。

我想也是……。
那就算不用蛋糕也沒關係，我想了解分數除法的計算方式和採用這方法的原因！

關於分數除法的計算方式，我想大家在學校應該都學過**「分母跟分子顛倒過來後相乘」**的算法吧。
譬如像下一頁這樣。

$$\frac{2}{3} \div \frac{4}{9} = \frac{2}{3} \times \frac{9}{4} = \frac{2 \times 9}{3 \times 4} = \frac{18}{12} = \frac{3}{2}$$

也就是

$$\frac{a}{b} \div \frac{c}{d} = \frac{a}{b} \times \frac{d}{c}$$

（唯 b、c、d≠0）

對對對！雖然只能用死背的，但我還記得把其中一邊的分母和分子顛倒過來後相乘的算法。

這種計算方式用「蛋糕」的比喻是很難說明的。
果然還是必須從**「分數＝除法」**、**「除法是乘法的逆運算」**這2個規則來思考才行。

「分數的除法」是我對小學數學的心理陰影之一……。
Masuo老師，麻煩您言簡意賅地解說一下吧！

證明「分數的除法」

那麼，我們馬上來證明分數除法的事實，$\frac{a}{b} \div \frac{c}{d} = \frac{a}{b} \times \frac{d}{c}$ 吧。

這次也要用把分數改成除式的方法嗎？

是啊。不過這次比較不一樣。

那麼事不宜遲，先請妳算算看下面的式子。

$$\left(\frac{a}{b}\times\frac{d}{c}\right)\times\frac{c}{d}$$

咦！為什麼突然冒出這種式子啊？

我等等會解釋。總之，請妳先耐著性子算算看。

運用在分數乘法時學過的技巧，答案應該是：

$$\left(\frac{a}{b}\times\frac{d}{c}\right)\times\frac{c}{d}=\frac{a}{b}\times\left(\frac{d}{c}\times\frac{c}{d}\right)$$

$$=\frac{a}{b}\times\left(\frac{d\times c}{c\times d}\right)=\frac{a}{b}\times 1=\frac{a}{b}$$

像上面這樣。

沒有錯，就是$\left(\frac{a}{b}\times\frac{d}{c}\right)\times\frac{c}{d}=\frac{a}{b}$。換言之，$\left(\frac{a}{b}\times\frac{d}{c}\right)$就是**「乘以$\frac{c}{d}$倍後等於$\frac{a}{b}$的數」**。

另一方面，由於「乘以B後等於A的數」就是A÷B，所以**「乘以$\frac{c}{d}$倍後等於$\frac{a}{b}$的數」**可以表示成$\frac{a}{b}\div\frac{c}{d}$。

咦！這麼說的話，

$\frac{a}{b}\div\frac{c}{d}$ 是「乘以$\frac{c}{d}$倍後等於$\frac{a}{b}$的數」

$\left(\frac{a}{b}\times\frac{d}{c}\right)$ 也是「乘以$\frac{c}{d}$倍後等於$\frac{a}{b}$的數」

對不對？

一點也沒錯。所以可知「$\frac{a}{b}\div\frac{c}{d}$」跟「$\frac{a}{b}\times\frac{d}{c}$」其實是「同一個數」。所以可以得知，

$$\frac{a}{b}\div\frac{c}{d}=\frac{a}{b}\times\frac{d}{c}$$

就這樣，我們證明了**「分數的除法等於把其中一邊的分母和分子顛倒後相乘」**。

我終於明白 $\frac{a}{b} \div \frac{c}{d} = \frac{a}{b} \times \frac{d}{c}$ 成立的原因了。
可是，為什麼要突然開始計算 $\left(\frac{a}{b} \times \frac{d}{c}\right) \times \frac{c}{d}$ 呢？

理由是**「這樣算的話，最後證明會比較順利」**。

只因為「證明會比較順利」，就突然冒出那個謎之計算？

是的。如果妳看過數學世界中的困難證明，就會發現其中有很多「不知為何從突然的謎之計算開始，最後就能順利證明」、「證明過程本身可以理解，但到底為什麼要從那個神祕的計算題開始啊？」的問題。
這種證明方式又叫做**「天外飛來式」**的證明。

原來是這樣啊……。
不過，這種「最後可以順利證明的謎之計算」，一開始到底是怎麼想出來的啊？

可以說是「某些有數學天賦的天才，在盯著數學式的時候突然靈光一閃想到的」吧。

天才的靈光一閃 !?

思考「那個證明是怎麼想出來的？」是一件很重要的事，因為有些謎之計算的思考過程是可以被清楚說明的。
然而即使是我，有時候也沒辦法清楚解釋這種「天才的靈光一閃」。

連Masuo老師都辦不到的話，那我不就更是完全沒有希望了嗎……（哭）。

順帶一提，這次是為了讓妳知道有這種「天外飛來的證明」方法的存在，所以稍微誇大了一點，但我想應該也有不少一看到$\left(\frac{a}{b}\times\frac{d}{c}\right)\times\frac{c}{d}$等於$\frac{a}{b}$就馬上領悟這件事是可以證明的人，所以我想這個證明或許還稱不上「天才的靈光一閃」呢。

使用「除法的真正規則」，可以更理解分數

到這裡，分數的計算就告一段落了。
瑪莉，妳覺得如何呢？

捨棄「分蛋糕」的思考方式，讓我總算能清楚認識分數的真面目了！

「分蛋糕」的思考方式，對於掌握分數的粗略概念十分有效。
然而，一旦踏入乘法和除法的領域，如果不像這樣透過證明來認識分數的性質，大概很難徹底理解什麼是分數。

過去我一直沒有真正理解除法的計算，只是把它當成一種規則死背下來使用。

可是，在看過Masuo老師的證明後，我終於了解這不只是一種規則，也是建立在數學事實之上的計算方法。但為什麼小學的數學課不這樣教呢……？

這是因為蛋糕的例子非常容易想像，說明起來也很簡單。

所以，一般的數學教科書習慣先從這種感官性的說明入手，然後讓學生用背誦的方式記住剩下的部分。

我在小學的時候，也因為一直搞不太懂這個除法的部分，而卡住了好久呢。

蛋糕的比喻很容易理解，然而一旦被**「除法＝分配」或「分數＝蛋糕」的刻板觀念綁住，就很容易沒辦法理解更進階的概念**。

正是因為存在「除法＝分配」的刻板觀念，才會產生「分數＝分蛋糕」的刻板觀念呢。

是啊。所以只要重新認清分數運算前提的除法規則「除法＝乘法的逆運算」，就能看清楚分數的本質了。

像這樣從「除法」一路看到「分數」，對算數的印象就完全不一樣了呢……。

我認為像蛋糕比喻這種概念本身也很重要。然而，**誤以為「概念是絕對正確」是很危險的**。

我認為唯有**「知道如何用蛋糕比喻，但也清楚理解數學式的人」，才是真正擅長數學的人**。

所以說，不論概念還是數學式，兩者都很重要呢！

瑪莉的memo

- 在學習數學時，為了「粗略理解整體」，概念很重要。
- 在學習數學時，為了「鉅細靡遺地確實理解」，數學式也很重要。

【小數的乘法】

為什麼要先當成整數相乘再點上小數點？

小數計算之謎——「移動小數點」

Masuo老師，話說回來，小數的計算跟分數有什麼不同嗎？
我記得以前在做小數之間的計算時，常常不知道小數點要點在哪裡，結果點錯地方……。

小數的乘法可以用「當成整數乘完後再移動小數點」的方式來計算。說得更準確點，就是下面的規則。

《小數乘法的數學事實》

小數的乘法可用以下的順序計算。
「無視小數點當成整數」後相乘，
「依照原本在小數點右側的數字個數」把小數點往左移相同位數。

那譬如2.3×0.6的話，應該要怎麼算呢？「2.3乘以0.6倍」，好難想像是什麼意思喔……。

讓我們使用小數乘法的事實來算算看2.3×0.6吧。

1.「無視小數點當成整數」後相乘

首先，無視2.3×0.6的小數點，改成23×6。計算後的結果是138。此時，要記得整數138雖然乍看沒有小數點，但138其實就是138.0。

2.「依照原本在小數點右側的數字個數」把小數點往左移相同位數

2.3和0.6這2個數，在小數點右方的數字分別是「2.3的3」和「0.6的6」這2個。因此我們要將步驟1計算出來的「138.0」的小數點往左移動2位，也就是「1.38」。

我回想起來小數的乘法了！可是，為什麼小數的乘法可以「先當成整數乘完再移動小數點」呢？

「小數的乘法可以先當成整數乘完再移動小數點」，是一個可以證明的數學事實。為了證明這件事，我們首先要來說說小數的規則。

小數到底是什麼數？

說起小數的規則，就是1的10分之1等於0.1的感覺吧？

沒有錯。表達得更精確點，就是像右頁那樣。

《小數的規則》

小數即是可使用 $\frac{1}{10}$ 或 $\frac{1}{100}$ 等分數，表達成下列形式的數。

$$1.23 = 1 + 2 \times \frac{1}{10} + 3 \times \frac{1}{100}$$

$$12.3 = 1 \times 10 + 2 + 3 \times \frac{1}{10}$$

$$4.56 = 4 + 5 \times \frac{1}{10} + 6 \times \frac{1}{100}$$

規則中有具體的數字呢。

因為小數點後n位，本來就可以用 $a \times \frac{1}{10^n}$ 來表達⋯⋯。

啊、不好意思⋯⋯。感覺好像會很難理解，還是先請您繼續說下去吧！

那這邊就先用上面的說明來理解就好。接著，我們再來看看小數中「×10」和「$\times \frac{1}{10}$」的部分。

小數中的「×10」和「$\times \frac{1}{10}$」

首先，「乘以10倍」的意思，就相當於「小數點往右移1位」。

就像1.23×10＝12.3、2.3×10＝23、0.4×10＝4的感覺嗎？

就是這樣。如果用前面的小數規則來解釋原因，就是像下面這樣

$$
\begin{aligned}
1.23 \times 10 &= \left(1 + 2 \times \frac{1}{10} + 3 \times \frac{1}{100}\right) \times 10 \\
&= 1 \times 10 + 2 \times \frac{1}{10} \times 10 + 3 \times \frac{1}{100} \times 10 \\
&= 1 \times 10 + 2 + 3 \times \frac{1}{10} \\
&= 12.3
\end{aligned}
$$

因為「乘以10倍後，各數位的值不變，$\frac{1}{10}$等部分變成10倍」，所以小數點往右移1位。

「10倍＝小數點**往右**移1位」這點我明白了。

同理可知「乘以$\frac{1}{10}$倍」就是「小數點**往左**移1位」。

證明小數的乘法

那麼，終於要正式來證明「小數乘法的事實」了。我們就用前面提到的2.3×0.6這個具體例子說明。

$$2.3 \times 0.6$$

也就是要弄清楚為什麼「先計算23×6＝138，再把小數點往左移2位變成1.38，就能得到答案」對吧！

沒錯。首先，

$$2.3 = 23 \times \frac{1}{10}$$

$$0.6 = 6 \times \frac{1}{10}$$

先寫出這2個式子。

因為「變成$\frac{1}{10}$倍」就是「小數點**往左**移1位」對吧！

因此，我們可以進行以下計算。

$$2.3 \times 0.6 = \left(23 \times \frac{1}{10}\right) \times \left(6 \times \frac{1}{10}\right)$$
$$= (23 \times 6) \times \frac{1}{10} \times \frac{1}{10}$$

整數的乘法部分(23×6)跟「$\times \frac{1}{10}$」的部分被拆開了呢。

一點也沒錯。
因為「變成$\frac{1}{10}$倍＝小數點往左移1位」⋯⋯。

所以「先計算整數的乘法(23×6)後，再把小數點往左移2位」就等於2.3×0.6的計算！

就是這樣。
就如上面列出來的一樣，小數的乘法可以拆成「整數的乘法」和「數次$\times \frac{1}{10}$（即小數點往左移）」2個部分。

那換成其他數呢？

舉例而言，我們再來看看下面的式子。

$$1.23 \times 4.56 = \left(123 \times \frac{1}{10} \times \frac{1}{10}\right) \times \left(456 \times \frac{1}{10} \times \frac{1}{10}\right)$$
$$= (123 \times 456) \times \frac{1}{10} \times \frac{1}{10} \times \frac{1}{10} \times \frac{1}{10}$$

變成整數的乘法部分(123×456)，以及4個$\times \frac{1}{10}$（小數點往左移）了！

順帶一提，123×456的計算比較麻煩，答案是56088；因此上面的答案就是5.6088。

這樣我終於明白為什麼計算小數乘法的時候可以「先當成整數乘完再移動小數點」了！在理解小數乘法的時候，也會用到分數的計算呢。

分數的乘法對於很多種計算的理解，都有重要的地位喔。

所以只要理解分數乘法的數學事實，就能一併理解分數的除法、通分以及小數的乘法原理呢。

瑪莉的memo

- 小數的乘法可用「移動小數點」來計算的理由，是可以證明出來的。
- 證明「小數的乘法」時，會用到「分數的乘法」。

【四捨五入】

11 為什麼0～4要捨去，5～9要進位？

遇「5」則進位之謎

到此為止，我們已講解了四則運算和分數等基礎計算的公式。在基礎計算的部分，瑪莉妳還有什麼其他感興趣的單元嗎？

那個，對於為什麼四捨五入是從「5」開始進位，我也有點無法理解……。

原來如此，四捨五入啊。

明明24歲還能四捨五入算20，但為什麼從25歲開始就突然被算入奔三的行列了呢……。

關於妳的真實年齡這話題我們還是先別碰吧（笑）。
但「四捨五入」本身的確是個很有趣的主題呢！

難道四捨五入其實很深奧嗎？

所謂的四捨五入，指的是下述的「規則」。

《四捨五入的規則》

當某數的特定位數是0、1、2、3、4時就捨去，是5、6、7、8、9則進位。

舉例來說，在取相當龐大數字的概數（大約的數字）時，就常會用到四捨五入的規則。因為「5以上則進位」是數學規則，所以不存在非這麼做不可的理由。
那麼，下面就讓我們一起來探究為什麼會出現「5以上」就進位的規則吧。

好！拜託您了！

「自5開始進位」並非理所當然

舉例來說，假設我們對介於12000和13000之間所有整數，從百位數開始進行四捨五入。

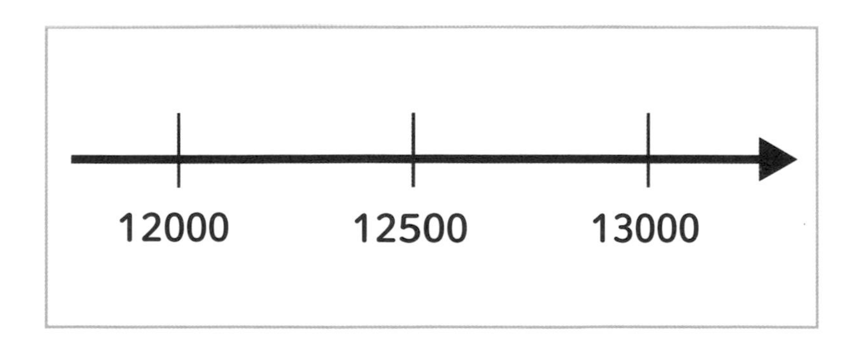

意思是從12500之後的整數都進位歸在「約13000」嗎？

沒有錯。再說得更詳細點，就是下面這樣。

- 「12000～12499」全部當成「約12000」捨去
- 「12500～13000」全部當成「約13000」進位

嗯，到這裡為止我都還理解！

然而，如果從「最接近之1000的倍數是哪個？」來想的話，就會得到一個奇妙的結果。

- 12000～12499 最接近之 1000 的倍數是 12000
- 12501～13000 最接近之 1000 的倍數是 13000

然後，

- 12500 最接近之 1000 的倍數，是 12000 和 13000

因為**12500剛好在12000和13000的正中間**呢！

沒有錯。因為12500是正中間的數，所以12000和13000都符合「最近之1000的倍數」這個條件。

換言之，「從12500開始進位」這件事，無法用「最接近之1000的倍數」這個理由來解釋。

那麼，意思是也有可能改成使用「12500以下則捨去」這個規則嗎？

確實是這樣呢。
從「最接近之1000的倍數」這個觀點來看，使用「百位數以下數字在500以下則捨去，在501以上則進位」的規則，就跟目前所用的四捨五入規則一樣合理。

「從5開始進位」的理由？

意思是12500可以算是約12000，也可以算是約13000吧。所以，到頭來只是看我們喜歡用哪個嗎？

倒也不是。雖然用「最接近之1000的倍數」無法解釋，但卻可以用另一個理由來解釋。
「從5開始進位」之所以合理，另一個理由是**「計算捨去・進位時比較輕鬆」**。

但感覺不管5是捨去還是進位，好像都沒有什麼差異啊……。

那麼，讓我們實際採用這2種規則來看看會有什麼不同吧。
對12000～13000之間的整數，從百位數開始進位・捨去時，2種規則的判斷方法如下。

【採用捨去 500 的規則】
〈判斷方法〉
・百位數以下的數若在 500 以下則捨去
・百位數以下的數若在 501 以上則進位

【採用使 500 進位的規則】
〈判斷方法〉
・百位數若是 0 ～ 4 則捨去
・百位數若是 5 ～ 9 則進位

由此可見，2種判斷方法有所不同。採用「捨去500的規則」時，必須看完百位數以下的所有數才能判斷要進位還是捨去；但採用「使500進位的規則」，只要看百位數就能判斷要不要進位。

原來如此！因為在遇到125□□這種數字時，在「捨去500的規則」中必須知道□□是什麼數才能決定要捨去還是進位；但在「使500進位的規則」時，就算不知道□□的值也能確定要進位呢。

最後，統整一下採用四捨五入規則的理由吧。

《採用四捨五入規則的理由》

- **四捨五入基本上是一種用來表示「最接近的簡潔整數」的方法。**
- **然而，為便於迅速判斷一個數要進位還是捨去，對於基準數的中位數採用進位的方法。**

所以說，25歲果然還是算「約30歲」呢（哭）。

順帶一提，去日本買東西計算消費稅的時候，假設某商品的定價是5圓，加上10%的消費稅本該是5.5圓。但四捨五入後卻會變成6圓，等於實際上繳了20%的消費稅。感覺有點吃虧呢。

真的耶！太過分了！我之前都沒有發現說（汗）。

如此可見，四捨五入是我們的日常生活中經常用到的規則，所以才會從小學階段就開始教。

瑪莉的memo

- **四捨五入規則無法光用「為了表示最接近某個簡潔整數的數」來說明。**
- **「從5開始進位」最合理的理由，是因為這樣子在判斷要進位還是捨去時比較輕鬆。**

$S \times h \div 3$

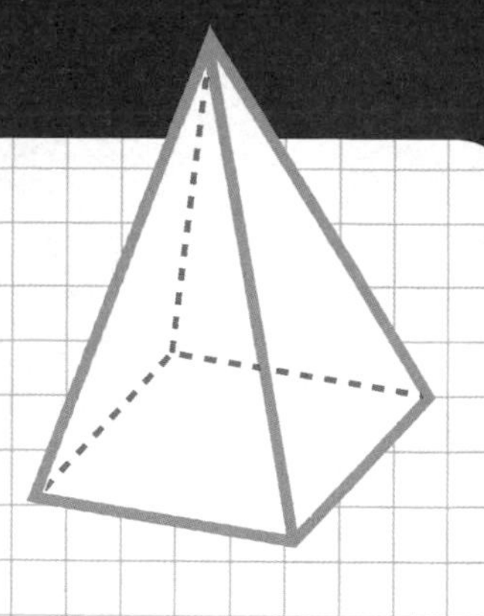

第2章

其實定義很模糊!?「圖形」的公式

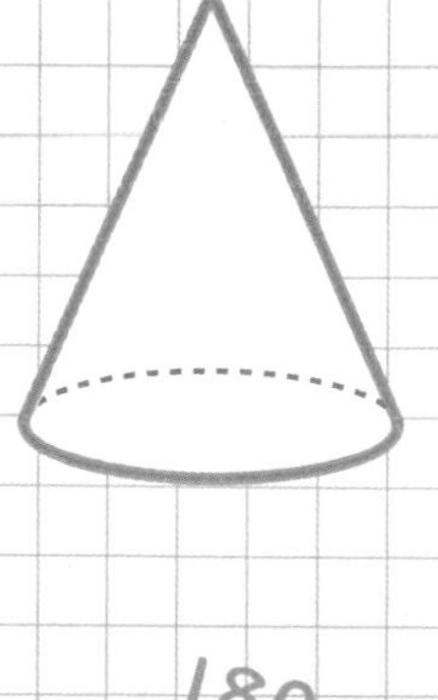

3.1415926535…

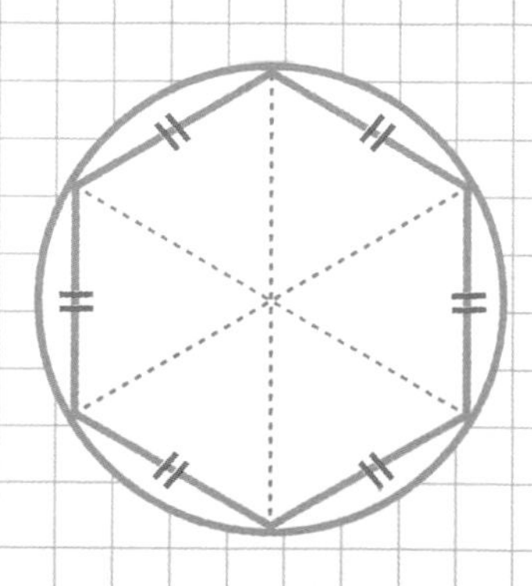

$180 \times (n-2)°$

【圓的角度】

12 為什麼圓的角度是360°？

思考「幾何圖形的公式」

接著我想來聊聊「幾何圖形的公式」。

幾何圖形⋯⋯。
我對幾何圖形也沒有什麼好回憶呢～（汗）。
我記得，圖形不是有一堆公式要背嗎⋯⋯。

的確，幾何圖形有很多非背不可的公式呢。
不過，只要分清楚規則和事實，就能比小學時代更清晰地釐清這些公式的脈絡，相信理解起來一定會簡單許多喔。

真的嗎!?
多虧Masuo老師您的指導，我才能理解數學式的意義，那幾何圖形的部分也拜託您了！

「角度」究竟是什麼？

首先，我們從圓的角度開始看起吧。瑪莉，妳還記得圓的角度是幾度嗎？

是，這麼簡單的問題我好歹還記得！是360°對吧？

一點也沒錯。

對於圓的角度，其規則如下。

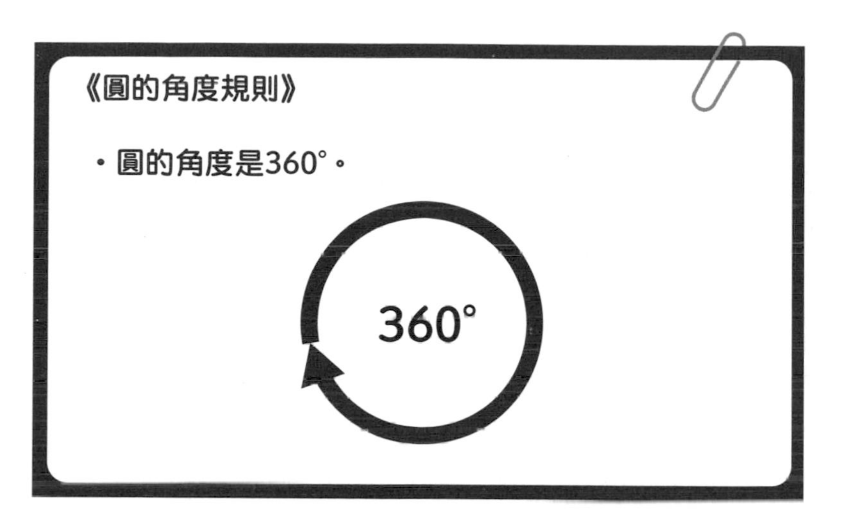

《圓的角度規則》

・**圓的角度是360°。**

咦？

360°這個數字不應該是事實而非規則嗎？

360°這個數字是數學規則喔。**因為把圓的角度定義為360°的話很多事情都很方便，所以現代才廣泛使用這個定義。**

咦咦——！原來360°也是出於「方便」這個理由啊！

這個數學規則雖然可以找到很多理由來解釋，但不存在任誰都能接受的理由。

那，360°這個數字，未來也有可能變成350°或370°嗎？

我想改成350°或370°的機率應該很低，不過這終究只是一個規則，所以也不能夠斷言「絕對不會改成其他數字」。

原來是這樣，我從沒想過原來360°是一個可以被改變的數字（汗）。

如果要舉出其中一個理由的話，是因為「360這個數字有很多因數」。

光是一位數，就有1、2、3、4、5、6、8、9這些因數，除了7以外全部都可以整除360，對吧？

因數很多有什麼好處嗎？

因數太少的話，要分割圓的時候，角度的計算就會變得很麻煩。

譬如，假如圓的角度是350°的話，要計算把1塊蛋糕切成3等分，每片蛋糕的圓心角就會變成

$350 \div 3 = 116.66\cdots$

這種無限小數。

原來如此～！如果在圓的角度是360°這個規則下，1片蛋糕的圓心角就變成了$360 \div 3 = 120°$這個漂亮的整數。

而基於圓的角度規則，可推導出**半圓的角度是180°**這個事實。

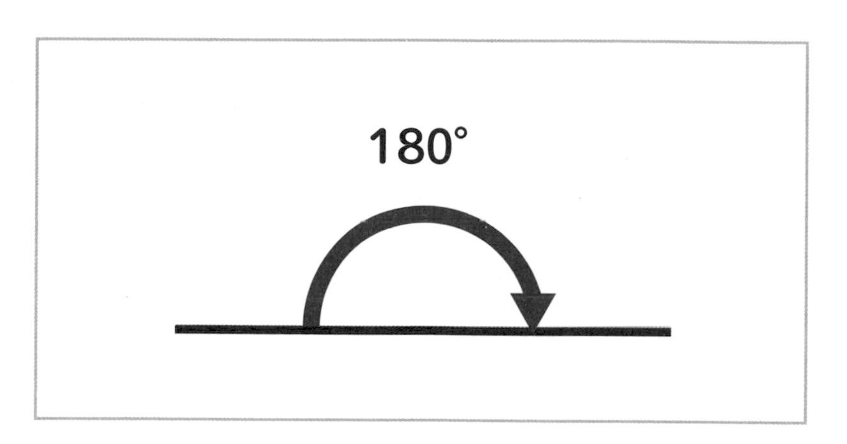

瑪莉的memo

- 「圓的角度是360°」是一個數學規則。
- 因為「360」這個數的因數很多，所以在分割圓的時候比較容易得到漂亮的整數角。

【多邊形的內角和】

為什麼是「$180 \times (n-2)°$」？

角度的規則和事實

既然講完了圓和半圓的角度，緊接著就要來聊聊「三角形的內角」。

呃……話說我連「內角」是什麼都不知道耶……。是棒球術語嗎？

是幾何名詞喔（笑）。所謂的內角，就是幾何圖形頂點內側的角度。相對於內角，在頂點外側的角度則叫外角。

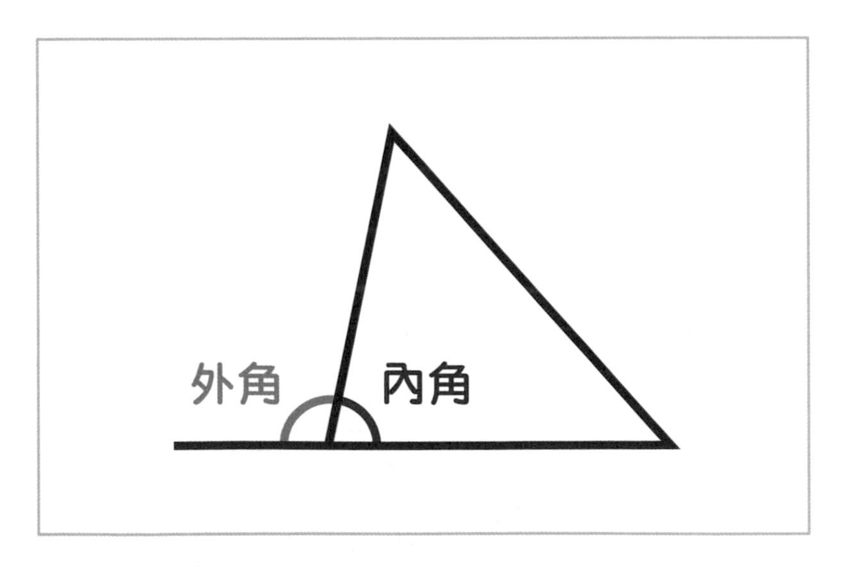

那麼，再接著我們來思考一下「多邊形的內角和」問題。
首先，先從三角形開始。

為什麼是從三角形開始呢？

因為四邊形和五邊形的內角和，都可以從三角形的內角和這個數學事實推導出來。

所以是**以三角形為出發點來思考**對吧。

沒有錯。
直接從結論開始說起，三角形的內角和是180°。

《三角形內角和的數學事實》

三角形的內角和是180°。

「半圓的角度」和「三角形的內角和」，兩者都一樣是180°耶！

是的。三角形的內角和是180°這件事，可以用「平行線的內錯角」來證明。

《平行線內錯角的數學事實》

2條平行線被1條直線所截時，所產生的內錯角相等。

「內錯角」是什麼啊？

就是如下圖關係的2個角度。

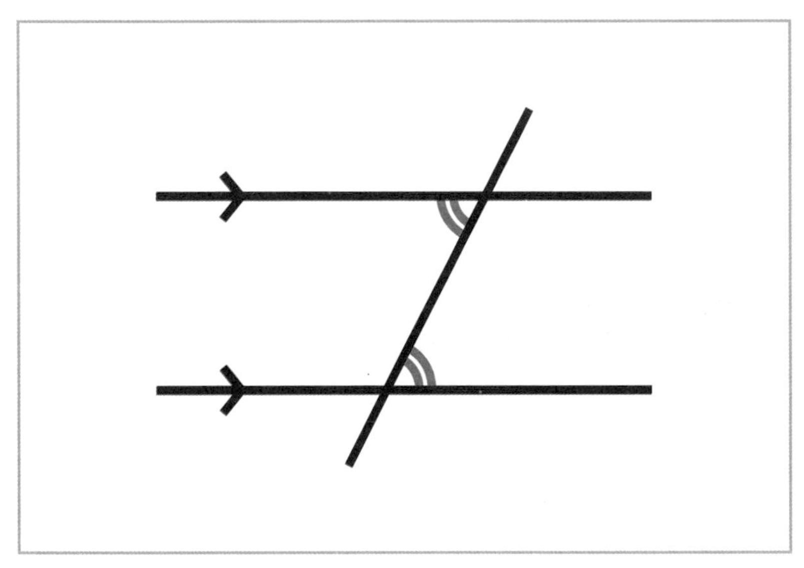

說得更詳細點，在平面上的2條直線如果為「平行」，就是指這2條直線不論延長多少倍，也永遠不會相交。

而「內錯角」就是當這2條平行線與另外1條直線相交所產生的角中，「位於彼此斜對面的角」。

日常生活中也有「雙方的對話在平行線上」這種說法呢。意思就是不論聊多久也還是沒有共識。

確實，「不論再怎麼延長也不會相交」和「不論聊多久也還是沒有共識」的確有點相似呢。

順帶一提，平行線的內錯角相等這件事解釋起來會很複雜，所以這裡我們就直接把它當成一個「事實」。想知道為什麼的人請自己另外找資料研究吧。

證明「三角形的內角和」

接著，要使用「平行線內錯角的數學事實」來證明三角形的內角和是180°這件事。我們先畫出1條與三角形其中一邊平行，且通過三角形頂點的直線L。

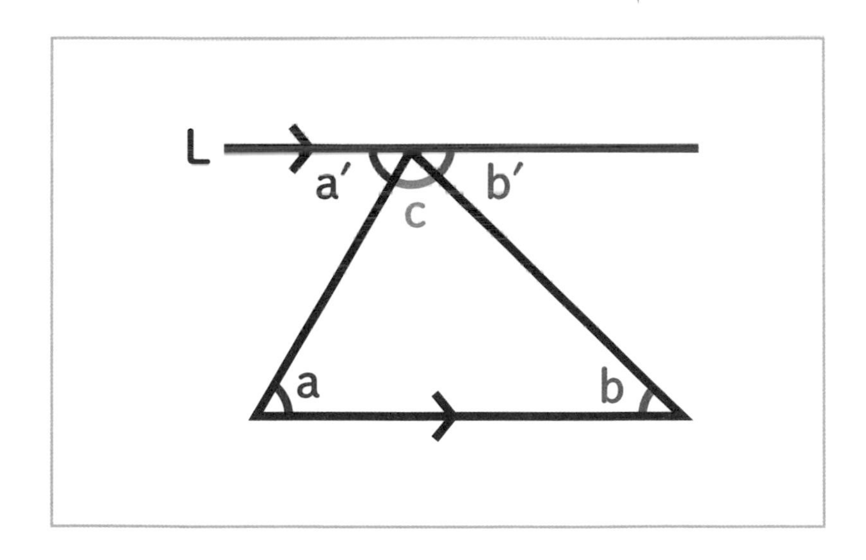

運用前面提到的「平行線的內角錯相等」這個事實，可以得知由2條平行線產生的∠a' 和內角∠a、∠b' 和內角∠b互為內錯角。

也就是說∠a' 和∠a相等，∠b' 和∠b相等對吧！

一點也沒錯。

∠a' 和∠a的角度相等，∠b' 和∠b的角度相等，由此可知**∠a、∠c、∠b加起來剛好等於一個半圓的圓心角**。

換言之，三角形的內角a、b、c相加後，等於一個半圓的圓心角，也就是180°。

跟上一章的運算不一樣，感覺很直觀很好理解呢！

在幾何學中與「形狀」有關的部分，大多數都十分直觀，的確很容易理解。

那麼，接著再來看看四邊形的內角吧。

證明「四邊形的內角和」

四邊形又要怎麼思考呢？

四邊形的部分，有下面2種證明方法。

①用對角線分割成 2 個三角形的方法
②在圖形中央畫點後，分割成 4 個三角形的方法

居然有2種啊！

是的。首先從直覺上比較好理解的方法①開始說明。
請看下圖。畫出四邊形的對角線，就可以把四邊形分割成2個三角形。
因為三角形的內角和是180°，所以由2個三角形組成的四邊形內角和就是360°。

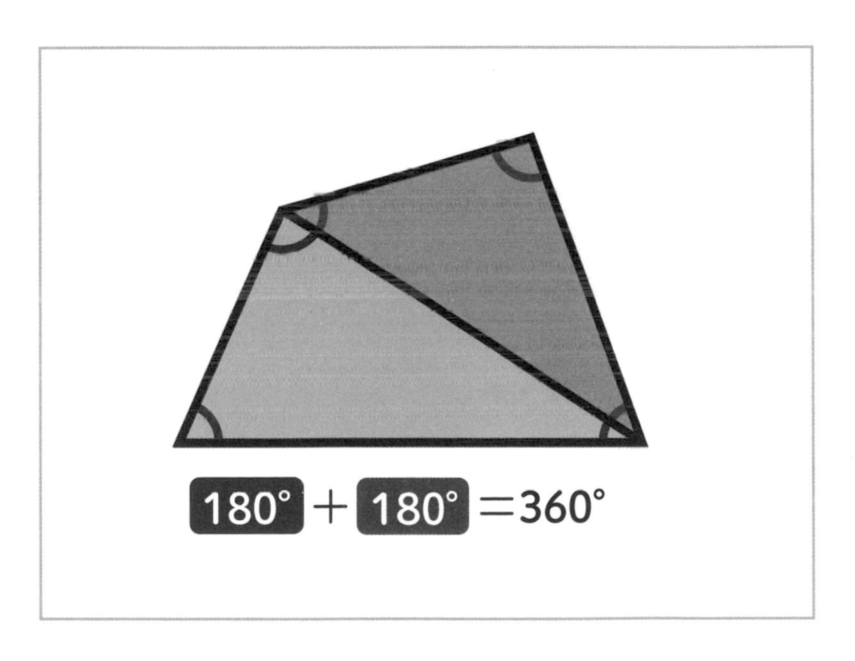

原來如此！

那麼接著再來證明方法②的「在圖形中央畫點的方法」。在四邊形的中心畫出一個點，分別連到四邊形的4個頂點，就能畫出4個三角形。

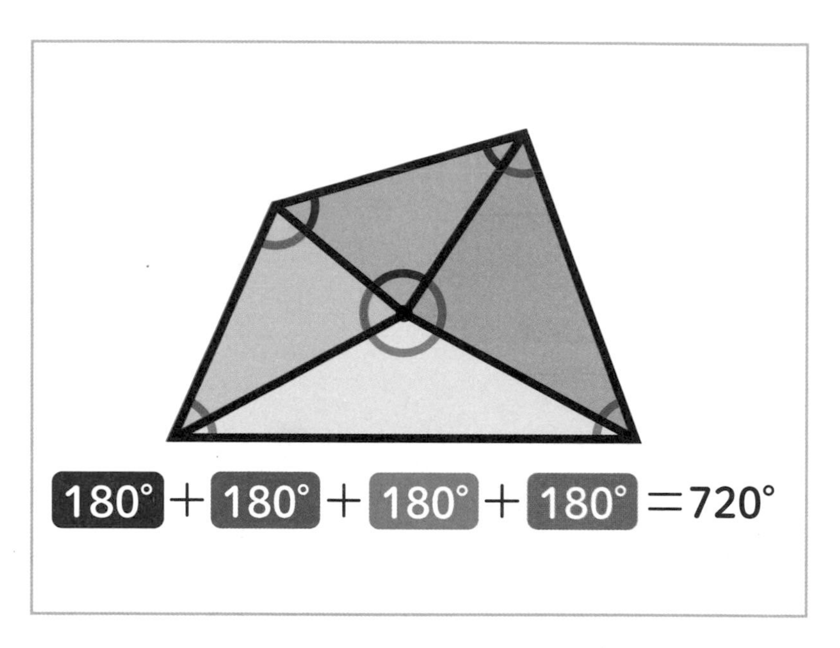

這次變成4個三角形了呢。

由於三角形的內角和是180°，所以4個三角形的內角和等於$180 \times 4 = 720°$。

雖然720°這個數字不太好想像，但數字上的確是這樣呢。

然後，請注意剛剛畫出的那個點。這個點同時也是4個三角形的頂點，而這4個頂點的角度相加起來就剛好等於一個圓。
換言之，我們知道**這4個角的總和是360°**。

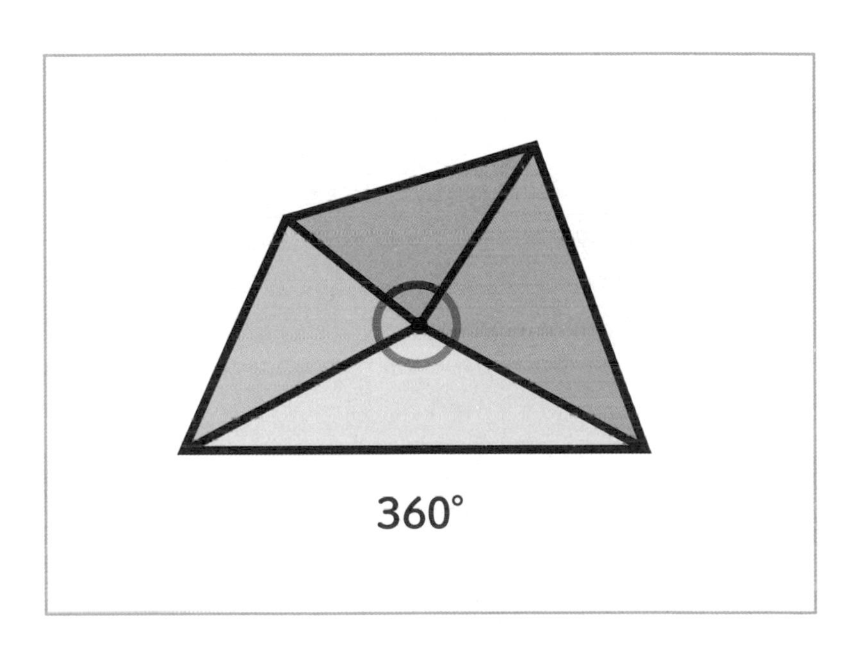

剛好在中心點畫了一個圓呢。

同時，**4個三角形「扣掉正中央」的部分，就剛好是原本的四邊形的內角**，對吧。

呃呃……扣掉正中央的部分……。的確，除了中心點上的角外，其他全部是原本四邊形的內角呢。

所以，這個四邊形的內角就等於4個三角形的內角和減去中央部分的內角。換言之，可以用下面的方式算出。

$\underline{180 \times 4} - \underline{360}$
(4個三角形的內角和)(中央部分)
$= 720 - 360$
$= 360°$

所以，只要計算一共有幾個三角形，再減掉360°，就是四邊形的內角和了呢！感覺除了四邊形之外，其他形狀也能用這個方法證明呢。

可用來解開各種問題的「一般化」威力

您雖然介紹了2種求內角和的方法，但感覺①的說明簡單好懂得多。為什麼不能只用①就好了呢？

所謂的證明有很多種做法，每個人心目中最完美的解釋方法也都不太一樣。
在我個人看來，②的證明方法在處理多邊形的時候，反而比①漂亮多了（笑）。

這是什麼意思啊？

首先，假設有n個頂點的多邊形為「n邊形」。
一如前面的方法②，在圖形中心畫點，然後連接所有的頂點，就能畫出與頂點數量相同的n個三角形。
然後，跟剛剛一樣，用這n個三角形的內角和減去中央部分的角度和360°，即可算出多邊形的內角和。具體的算式如下。

$$
\begin{aligned}
&180 \times n - 360 \\
&= 180 \times n - 180 \times 2 \\
&= 180 \times (n - 2)^\circ
\end{aligned}
$$

換言之，我們可以導出以下事實。

《多邊形內角和的數學事實》

n邊形的內角和 $= 180 \times (n - 2)^\circ$

意思是這個公式除了四邊形，也能用來算其他圖形的內角和嗎？

一點也沒錯。像這種**導出可以用1個公式解決多種問題的方法的過程就叫做「一般化」**。

那①的方法不能導出一般化的公式嗎？

當然，取多邊形的1個頂點畫出所有對角線，也能畫出「n－2個」三角形，所以的確是可以推導出相同的公式。

不過，我覺得因為②的方法是對稱的，感覺比較漂亮⋯⋯。

因為對稱所以比較漂亮？

①的一般化方法是「把某個頂點當成特別的」，但在②的一般化方法中，「所有頂點都是平等的關係，具有對稱感」。不過，這純粹是個人喜好的問題就是了。

瑪莉的memo

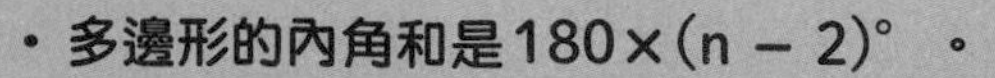

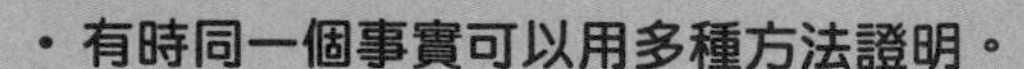

【圖形的全等】

14 為什麼三邊長都相等的2個三角形全等？

什麼是「全等」？

接著，讓我們來看看三角形的「全等」吧。

全等是什麼來著……？

全等的規則如下。

《全等的規則》

所謂的全等，就是旋轉、翻轉、移動某圖形後，可使該圖形與另一個圖形完全重合。

就好比「雖然乍看似乎方向不一樣，但其實形狀是一樣的圖形」嗎？

從語意來看，大致上就是這個意思。

證明「三角形的全等條件」

那麼下面我們來看看三角形的全等條件。
三角形的全等條件之一，是「若三邊長都相等，則2個三角形為全等」。

例如，若存在「三邊長分別為5cm、6cm、7cm」的2個三角形，那麼這2個三角形將完全重合嗎？

沒錯。三角形的全等條件雖然很多，不過全都是鐵錚錚的事實。

是事實的意思，就是說可以被證明吧？

是的。只要使用在高中數學會教的「餘弦定理」就能輕鬆證明，不過用小學數學同樣也能夠以可直觀理解的方式解釋。

可以直觀理解就再好不過了！拜託您了！

那我們下面就來解釋為什麼「三邊長分別為5cm、6cm、7cm」的2個三角形可以完全重合。
請看右邊的圖。首先注意左方這個三角形中最長的邊AB。AB的邊長是7cm。因此，可以把另一個三角形長7cm的邊A' B' 跟左方三角形的邊AB重疊。重疊的時候，請讓C和C' 都保持在AB的上方。

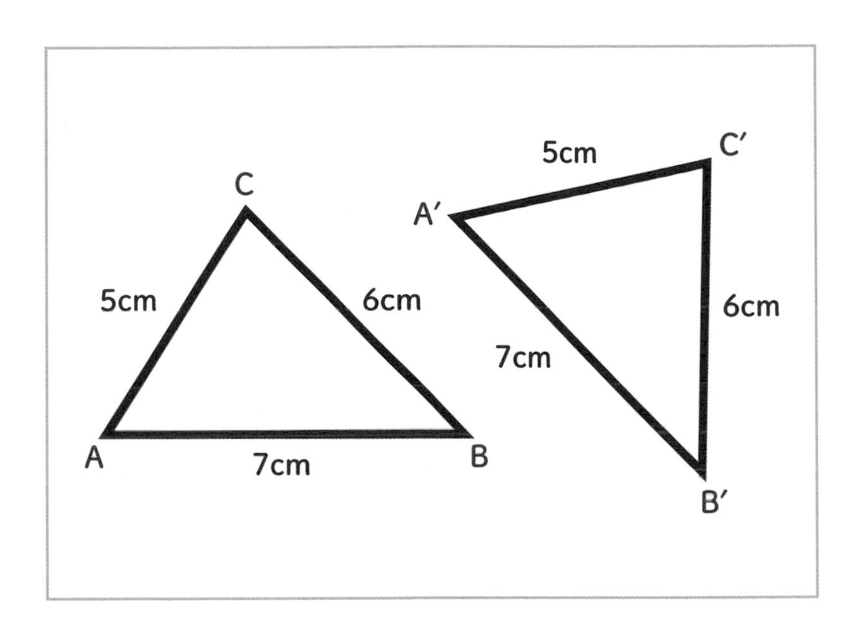

它們是不是全等的，這時還不知道對吧？

沒錯。不過，因為邊AB和邊A' B' 等長，至少我們可以確定這2個邊是可以重合的。

AB重合後，假如剩下的AC和BC也重合，那麼就能確定這2個三角形是全等的了。

唔嗯——，可是，到底該怎麼證明呢？

以下將說明左方三角形的頂點C，跟轉動後的三角形頂點C' 其實是完全重合的。

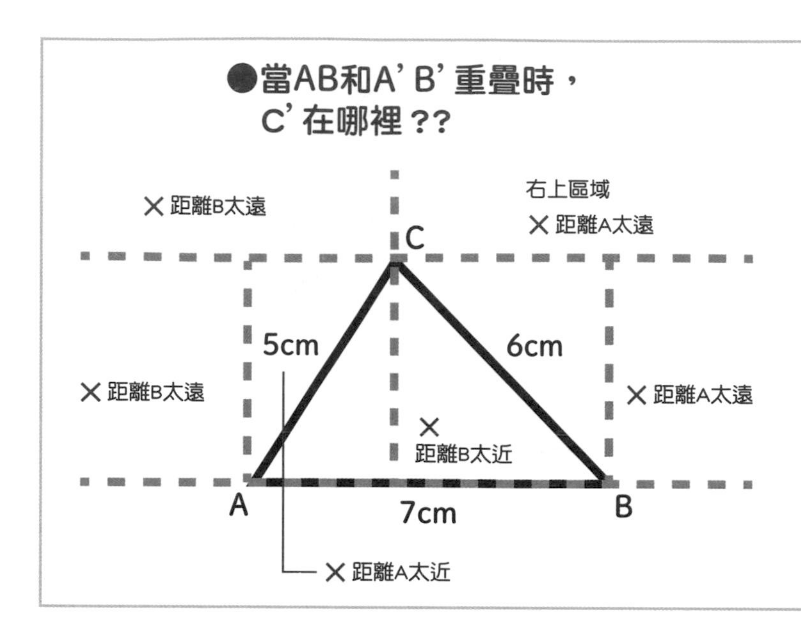

譬如，假設「C' 在右上區域」，A' C' 的長度就會大於5cm。因此，可知「C' 在右上區域」是錯誤的。

同理，包含剛好在交界處上的情況，只要逐一檢查所有情況，就會發現除了C' 和C重合的情況外，A' C' ＝5cm和B' C' ＝6cm都不可能成立。

因為移動後的三角形必須符合A' C' ＝5cm且B' C' ＝6cm，所以C' 一定要和C重合呢。

正是如此。以上就是對於「三邊長分別是5cm、6cm、7cm」的2個三角形一定完美重合的證明概要。

其他長度也是一樣嗎？

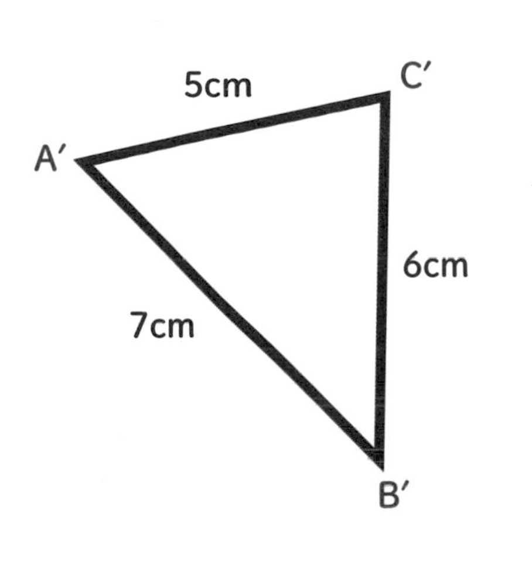

是的，除了上述的「5cm、6cm、7cm」外，對於其他邊長的三角形也同樣成立。由此可知「三邊長皆相等的2個三角形為全等」。

這次的證明完全沒有用到數學式呢！

是的，證明不一定需要用到數學式。只要所有人都能接受的話，就可以算是證明。

瑪莉的memo

- **三角形的全等條件「若2個三角形的三邊長皆相等即為全等」是數學事實，故可以被證明。**
- **也存在不太需要用到數學式的證明。**

【等腰三角形】

15 為什麼2個內角會相等？

什麼是「等腰三角形」？

講完三角形的全等條件後，接著再來學習等腰三角形的部分。
等腰三角形的規則如下。

《等腰三角形的規則》

等腰三角形，指的是任兩邊邊長相等的三角形。

這個規則我也知道喔。
關於等腰三角形，還有其他的規則或事實嗎？

對於等腰三角形，**與底邊（不成對的邊）相接的2個角（底角）必然相等**。這是從等腰三角形的規則導出的事實。

證明「等腰三角形底角的事實」

下面我們來證明「等腰三角形必有2個角相等」這件事。
如右頁的圖，假如從三角形的頂點A到BC的中點D畫一條線。

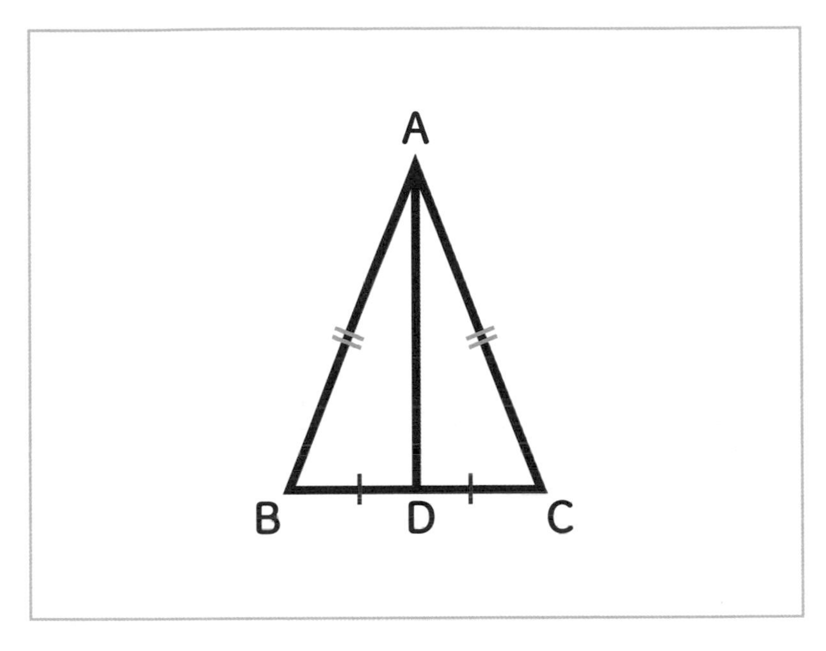

則對於三角形ABD和三角形ACD，可推導出以下事實。

- 由於 D 是 BC 的中點，故 BD 與 CD 等長。
- 由於 AB 和 AC 是等腰三角形的兩腰，故等長。
- 由於 AD 是共邊，故等長。

也就是說，這2個三角形的三邊一樣長囉！

「若2個三角形的三邊等長則為全等」，這點我們在上一節已經證明過了。

因此，可以得出結論**「三角形ABD和三角形ACD全等」**。

全等就是指2個能完全重合的三角形，所以它們的**3個角也都相等**對吧！

就是這樣。

所以，可以推斷**底角∠B跟∠C相等**。

也就是說，可證明「若為等腰三角形，則其中2個角相等」。

只要知道三角形的全等條件，一下就能理解了呢！

讓我們把證明後的事實表達成嚴謹的文字吧。

《等腰三角形的事實①》

等腰三角形的兩底角必然相等。

其實，上述事實的「逆命題」也可以用同樣的方法證明。

《等腰三角形的事實②》

兩底角相等的三角形，必為等腰三角形。

意思是反過來說，如果某三角形的任2個角角度相等，就是等腰三角形對吧。

正是如此。
當某個事實成立時，思考一下它的「逆命題」是否也成立，有助於加深理解喔。

瑪莉的memo

- **「等腰三角形的兩底角相等」是數學事實，故可被證明。**
- **上次證明過的「三角形全等條件」派上了用場。**
- **當某個事實成立時，可以順便思考它的「逆命題」是否也成立。**

【平行四邊形】

16 平行四邊形是什麼樣的圖形？

「平行四邊形」為什麼重要？

講完三角形之後，來說說四邊形吧。
首先是「平行四邊形」。

咦，平行四邊形？不是從長方形或正方形開始嗎？

我想小學的時候，應該都是先從長方形或正方形教起吧。
但在數學的世界，所謂的四邊形簡單來說可以依照右頁的圖進行分類，長方形、菱形、正方形，全都是平行四邊形的一種。所以，我才想先從平行四邊形開始介紹。

原來如此！
所以四邊形的部分是以平行四邊形為出發點吧。

是的。認識平行四邊形後，應該就會對長方形、正方形、菱形等的四邊形有更全面的了解。

什麼是「平行四邊形」？

平行四邊形的規則如下。

《平行四邊形的規則》

所謂的平行四邊形，即2組對邊互相平行的四邊形。

……對邊是什麼來著……？

所謂的對邊，就是「在對面的邊」。
就像下方的圖，在對面的邊互相平行的四邊形就叫平行四邊形。

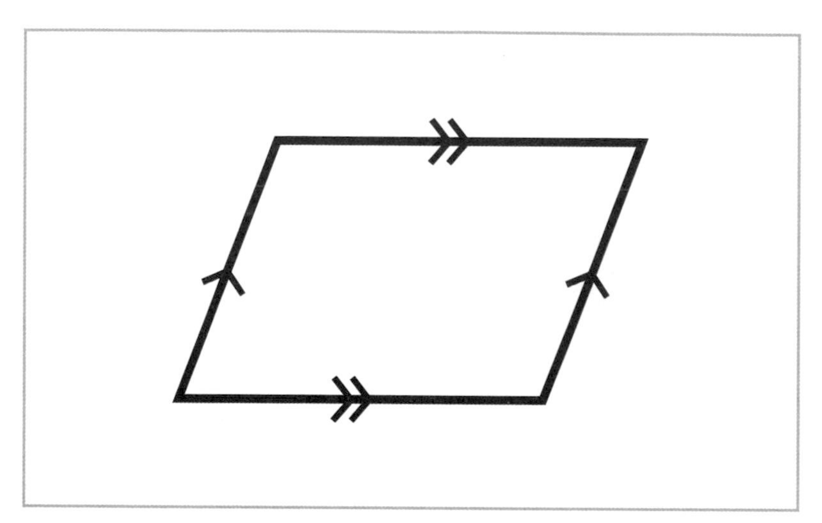

嗯嗯，這句話的確是「理所當然」的感覺呢。

瑪莉，平行四邊形其實也是很深奧的喔。
平行四邊形存在以下的數學事實。

《平行四邊形的數學事實》

平行四邊形的2組對邊必然等長。

意思是不存在對邊不等長的平行四邊形嗎？

是的。這點可以用三角形的全等條件簡單俐落地證明。
從A到C畫一條對角線，將四邊形分割成三角形ACD和三角形CAB的2個三角形。此時，由於AB和CD平行，所以直線AC產生的內錯角相等。

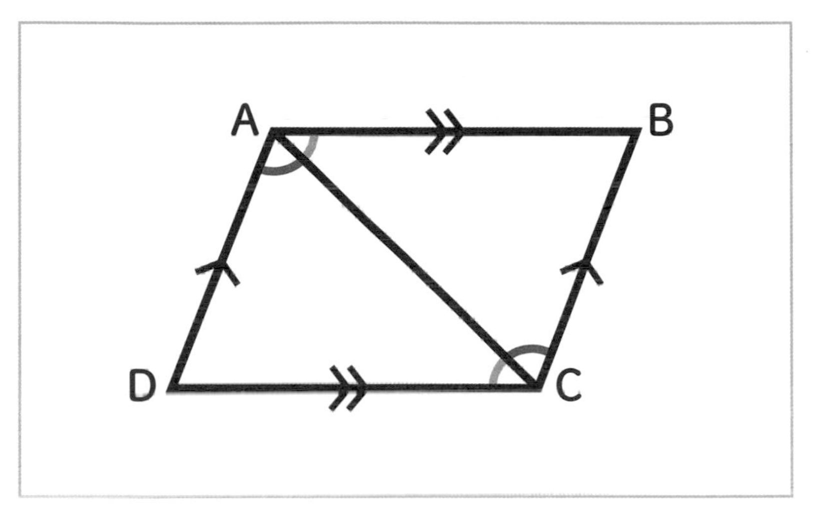

意思是說，∠ACD和∠CAB的角度相等，∠CAD和∠ACB的角度也一樣囉！

正是如此！然後，2個三角形共用AC這個邊。同時，因為三角形的全等包含有「一邊及其兩端的角相等」這個條件，所以可以得知這2個三角形全等。

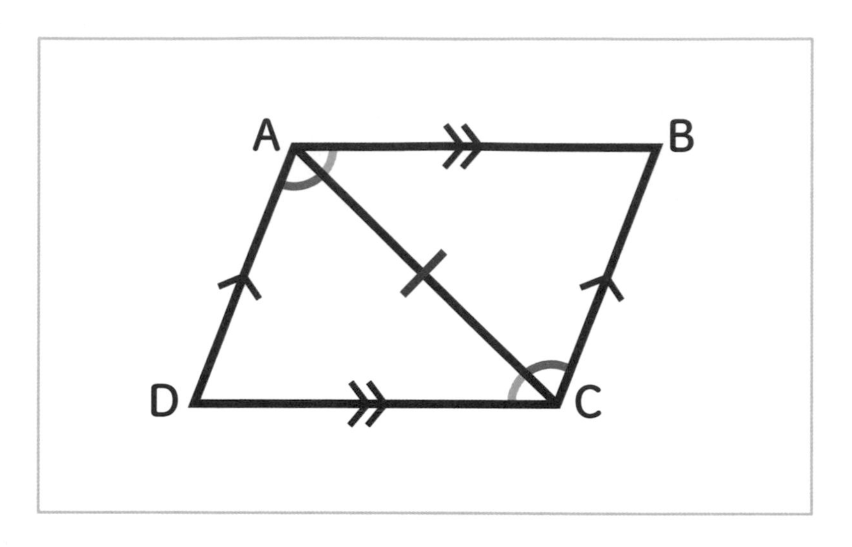

原來如此。平行四邊形可以切成2個全等的三角形，代表對應邊AD和CB相等、AB和CD也相等，是這樣子對吧！

所以說，我們可以斷言**「平行四邊形的對邊長必然相等」**。

原來如此～！也就是說，只要有1組對邊的長度不同，就不是平行四邊形了。

妳說得沒錯。順帶一提，有1組對邊互相平行的四邊形被稱為梯形。

以P125的圖來說，梯形是比平行四邊形更大的類別。所以也可以說「平行四邊形是2組對邊都相等的梯形」。

平行四邊形的「等價定義」

瑪莉，這樣妳理解平行四邊形的規則和事實之間的關係了嗎？

是！可是，有件事我有點好奇……。

什麼事呢？

上次我學到了「當某個事實成立時，可以順便思考它的逆命題是否也成立」。

而這次我們證明了「若為平行四邊形，則其2組對邊必然等長」這個事實，那反過來說，它的逆命題是否也會成立呢？

很好的問題！

妳說得一點也沒錯。若「2組對邊互相平行」，則「2組對邊等長」；相反地若「2組對邊等長」，則「2組對邊互相平行」。換言之，兩者都可以當成平行四邊形的規則。

兩者都可以當成規則……？

是的。一如我們前面講解過的。

（類型①）

規則：所謂的平行四邊形，即為 2 組對邊互相平行的四邊形。

事實：平行四邊形的 2 組對邊必然等長。

不過，若是像下面一樣將規則和事實互換也沒有問題。

（類型②）

規則：所謂的平行四邊形，即 2 組對邊等長的四邊形。

事實：平行四邊形的 2 組對邊必然互相平行。

啊！類型①和類型②的**規則和事實恰好顛倒**！意思是這2個命題可以是規則也可以是事實嗎？

是的。只要以其中一方為規則，就能推導出另一方的數學事實。在學習數學的時候偶爾會遇到這種制定A規則後可導出B事實，制定B規則可以導出A事實的情況。此時我們就說A和B是**「等價定義」**。

沒有哪一邊才是「真正的規則」嗎？

不論以A或B為規則，A和B都會成立，且對其他的數學邏輯沒有影響，所以並沒有「哪邊才是真正的規則？」的問題。
事實上，平行四邊形的「等價定義」不只2個，至少可以列出5個呢！

《平行四邊形的等價定義》

- 2組對邊互相平行。
- 2組對邊等長。
- 2組對角大小相等。
- 1組對邊互相平行且等長。
- 2條對角線相交於中點。

不論選擇上面哪個作為平行四邊形的規則，都能導出其他4個數學事實。

好神奇喔！沒想到規則可以變成事實，事實可以當成規則。平行四邊形還真是一種很特別的四邊形呢～。

瑪莉的memo

- 數學中存在「等價定義」的概念。
- 平行四邊形的等價定義至少有5個。

【長方形】

長方形、菱形、正方形分別是指何種四邊形？

長方形、菱形、正方形，全都是平行四邊形

講完平行四邊形後，下面來說說同樣屬於平行四邊形家族的「長方形」、「菱形」及「正方形」吧。
首先是長方形，其規則如下。

《長方形的規則》

所謂的長方形，就是4個角都一樣大的四邊形。

雖然我以前從來沒有特別去意識過長方形的規則，但感覺好像跟印象中不太一樣？我記得不是「角一樣大」，應該是長長的方形吧。

四邊形的內角和是360°，所以4個角相等時，每個角的角度就是90°囉。

啊，對耶！每個角都是90°的話，就跟平常聯想到的長方形印象很接近了。

平行四邊形規則中存在「2組對角一樣大」這個規則（等價定義）。而長方形的條件則是「所有角的角度相等」，比平行四邊形更加嚴格。

所以說，長方形是平行四邊形的一種呢！

正是如此。所以平行四邊形中「4個角都相等」的圖形，就是長方形。而菱形的規則如下。

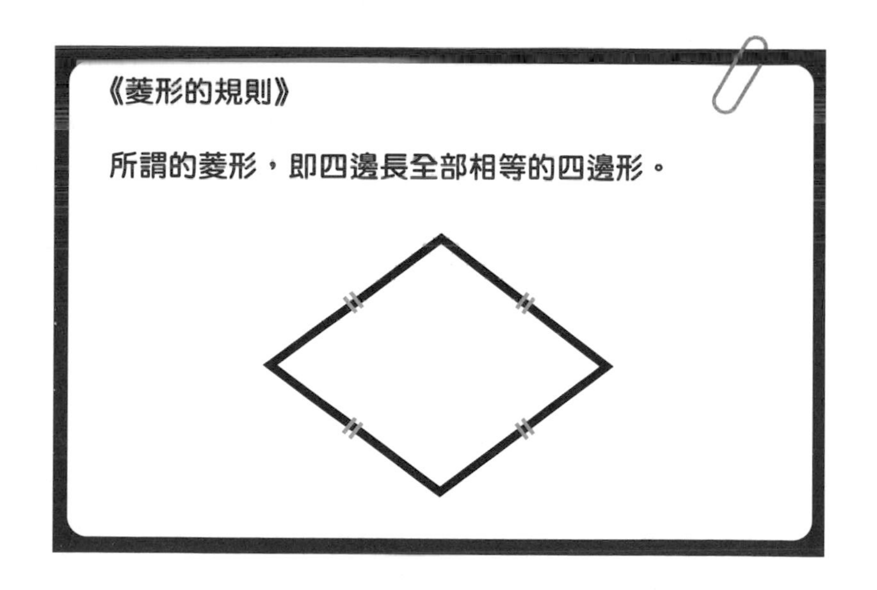

平行四邊形的規則是「2組對邊等長」，而菱形則是「所有邊都等長」的情況呢。

是的。長方形和菱形都屬於平行四邊形，但平行四邊形不一定是長方形或菱形。
像這樣把長方形和菱形理解為平行四邊形的特殊形態，就應該比較不會混淆了。

正方形既是「長方形」也是「菱形」

長方形和菱形我都懂了，那正方形又該怎麼理解呢？

正方形指的是下述的四邊形。

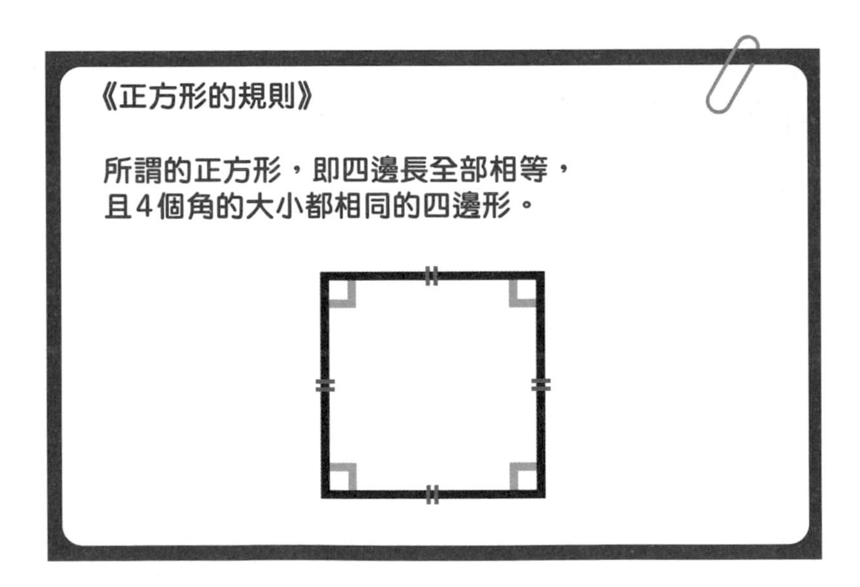

這不是跟長方形和菱形的規則一樣嗎？

妳說得一點也沒錯！

正方形就是「同時具有長方形特徵和菱形特徵的四邊形」。換言之，正方形可以說是長方形和菱形的特殊形態。

那麼，讓我們再重新整理一次四邊形的關係。

- 梯形是有 1 組對邊平行的四邊形。
- 平行四邊形有很多的等價定義：
  → 2 組對邊平行的四邊形
  → 2 組對邊等長的四邊形
  → 2 組對角相等的四邊形
- 長方形是所有角都相等的四邊形。
- 菱形是所有邊都等長的四邊形。
- 正方形是所有角都相等，且所有邊都等長的四邊形。

長方形和菱形這2種形狀，大多數人應該都能憑感覺抓到大致的概念，但能清楚說出它們定義的人恐怕並不多。

瑪莉的memo

- 正方形是「長方形」和「菱形」合而為一的四邊形！

【長方形的面積】

18 為什麼是「長×寬」？

「面積的求法」是規則？還是事實？

對三角形和四邊形的「形狀」有一定程度的理解後，接著終於要進入「面積」的部分了。

瑪莉，妳對面積的部分還有印象嗎？

呃、我想想……。我知道面積就是「範圍」的意思……（汗）。

最簡單的面積計算法，就是「長×寬」對嗎？

對對對！那是最讓我困惑的！

為什麼只要計算「長×寬」，就能算出圖形的範圍呢？

難道「面積可以用『長×寬』計算出來」的這件事，也是一個數學規則嗎？

瑪莉，妳愈來愈懂得數學的思維了呢！

首先，先來看看「面積的規則」吧。

「面積」的數學規則為何？

面積的「規則」是什麼啊？我完全沒概念耶……。

在這裡，「面積的規則」是下面這樣。

《面積的規則》

所謂的面積，就是用來表示一共有幾個長1cm×寬1cm的正方形的量。譬如相當於3個長1cm×寬1cm正方形的範圍大小，就寫做$3cm^2$。

「相當於幾個1cm×1cm的正方形？」的思考方式，感覺很簡單好懂呢！

如果要嚴格定義面積，就必須把面積想成某種無限小的平面圖形的集合。

但如果要解釋得這麼嚴密，至少需要用到高中程度的數學，所以這裡我們就不深入探討。

如果要那麼嚴格的話，只用小學程度的數學大概很難解釋面積吧……（汗）。

證明「長方形面積的數學事實」

那麼老師，關於這次的主題「長方形的面積」，究竟該怎麼理解才好呢？

首先，**「長方形即是4個角都相等的四邊形」**這點還記得吧。那麼瑪莉，請問「長為3cm，寬為4cm的長方形」，相當於幾個正方形呢？

呃呃，是指「這個長方形可以塞進幾個1cm×1cm的正方形？」的意思吧……。

對，用這個思路去想，縱向可以塞進3個小正方形，橫向可以塞進4個，所以只要如下圖用「長×寬」的方法就能算出答案。

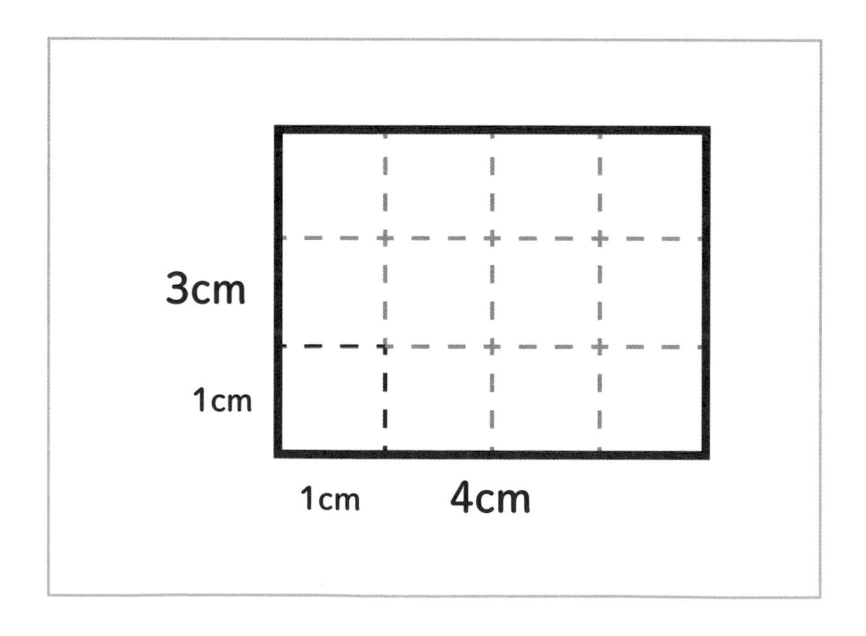

原來如此！
長3cm、寬4cm的長方形，就相當於有3×4＝12個1cm×1cm的小正方形。換言之，面積等於12cm^2對吧。

沒有錯。由此可見，長方形的情況，面積可以用「長×寬」的計算得到答案。

這樣分析一下，的確就能很清楚看出「長方形的面積算法」是一個「數學事實」呢。

《數學事實》

長方形的面積等於長×寬。

邊長為小數時的思考方式

可是老師！
拆解成1cm×1cm正方形的思考方式，若碰上邊長是小數的情況的話就會出現問題耶？

瑪莉，妳說得沒有錯！
那麼，下面就來看看長1.2cm、寬1.5cm的長方形面積吧。

從剛才的「事實」來想，應該也是用「長×寬」吧……？

沒錯。就算邊長是小數，長方形的面積依然可以用「長×寬」算出。下面馬上來解釋理由。

首先先想像一下，拿出「長1.2cm，寬1.5cm」的長方形，縱列擺10個，橫列也擺10個的情況。

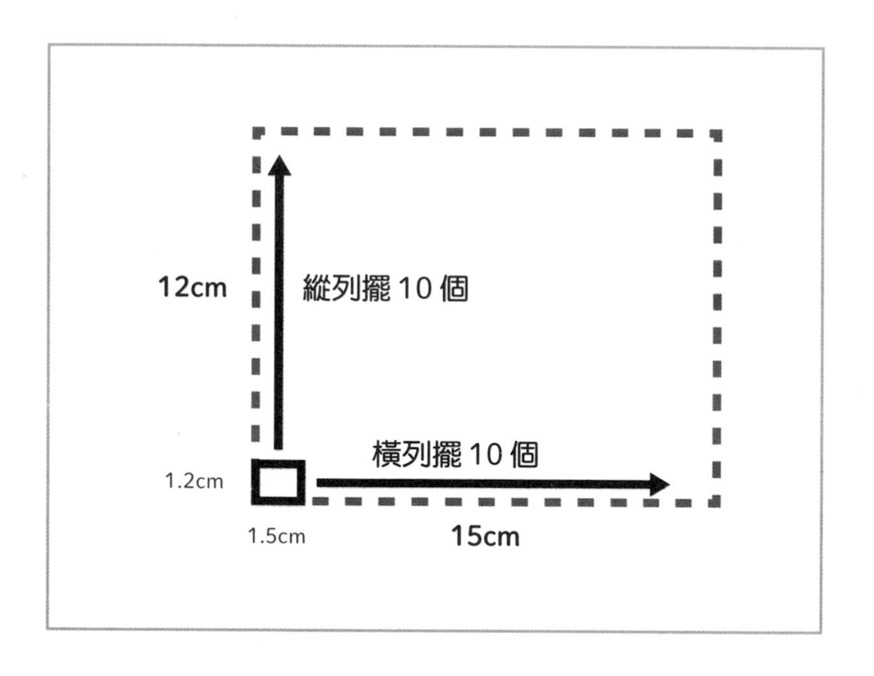

也就是長跟寬都變成10倍的意思對吧。

擺好後的大長方形，長是12cm、寬是15cm，所以面積如下。

$$12 \times 15 = 180\text{cm}^2$$

那原本的小長方形的面積怎麼辦呢？

請從「這個大長方形相當於幾個小長方形？」的思路來思考。

因為大長方形是由縱列10個、橫列10個小長方形拼成的，所以是：

「大長方形面積」
＝「小長方形面積」× 10 × 10

對嗎？

沒錯。因為「大長方形面積」＝12×15，所以「小長方形的面積」如下。

「小長方形面積」
=「大長方形面積」÷ 10 ÷ 10（除法即乘法的逆運算）
= 12 × 15 ÷ 10 ÷ 10
= (12 ÷ 10) × (15 ÷ 10)
= 1.2 × 1.5（除以 10，等於小數點往左移）

1.2×1.5就是「長×寬」呢。所以，小數的情況同樣也能用面積公式算出面積！

邊長為分數時的思考方式

可是Masuo老師，雖然我知道邊長是小數的長方形面積怎麼計算，但如果邊長是分數的話又該怎麼理解呢？

這個嘛，其實也可以用跟小數一樣的方式理解。

小數跟分數的思路完全一樣嗎？

譬如，我們來看看長是 $\frac{4}{3}$ cm，寬是 $\frac{8}{5}$ cm的長方形好了。
分數的情況，由於分數乘以分母的數後就會變成整數，所以我們可以以縱列3個、橫列5個的方式擺放這個長方形。如此一來，就能拼成長4cm、寬8cm的大長方形。

原來只要按照分母的數量去擺，就能化成整數來計算了啊！

由於這個大長方形的長是4cm、寬是8cm，所以面積的算法就跟前面一樣。

$$4 \times 8 = 32cm^2$$

接著，再把這個大長方形換算成原本的小長方形的面積就行了呢！

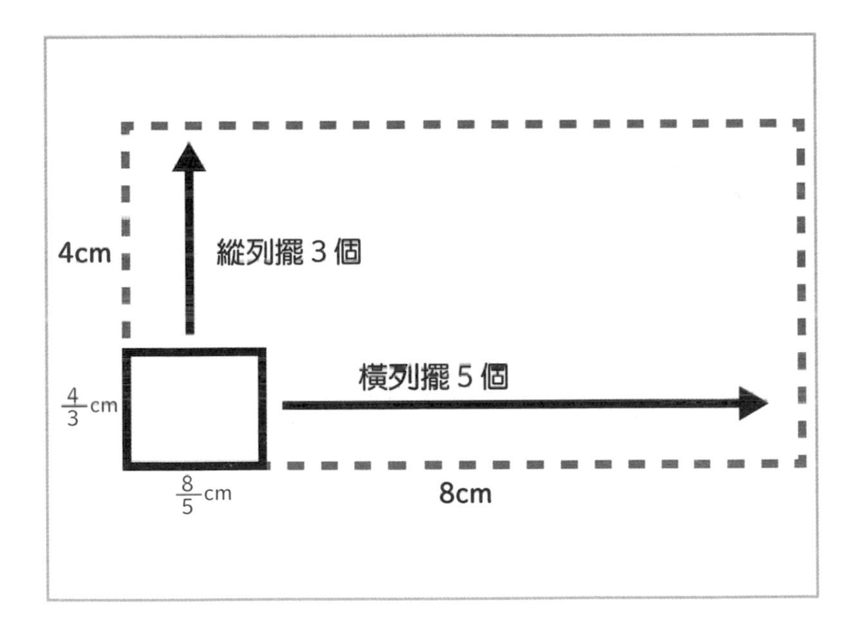

就是這樣。在先前的操作中，我們縱列擺了3個，橫列擺了5個長方形。由於$3\times5=15$，可得知大長方形相當於15個原本的小長方形。

也就是說，只要把大長方形的面積除以$3\times5=15$就可以了！

瑪莉，答得很好！
原本的長方形面積就是$(4\times8)\div(3\times5)$cm^{2}呢。

老師，我們快點把它算完吧～！

別急，在寫出答案前，先稍微變形一下算式。根據「除法＝分數」的規則⋯⋯。

$$(4\times8)\div(3\times5)=\frac{4\times8}{3\times5}=\frac{4}{3}\times\frac{8}{5}$$

奇怪？這個分數，總覺得在哪裡看過⋯⋯。

原本的長方形的長是$\frac{4}{3}$cm、寬是$\frac{8}{5}$cm，**故可知邊長為分數的長方形面積依然可用「長×寬」計算**。

所以不論分數還是小數，其實都不需要特地拼成大長方形去想，直接套用「長×寬」的公式就行了！

是的。
因為不論邊長是哪種數，「長方形面積＝長×寬」的事實都不會改變。

「正方形的面積」是？

話說老師，您前面教的「面積的規則」是「相當於幾個邊長1cm的正方形」對吧？
那正方形本身的面積又怎麼理解呢？

一起來想想看正方形的部分吧。
所謂的正方形，就是**「4個角都相等，且四邊長都等長的四邊形」**。

剛剛的長方形只有「4個角都相等」，而正方形多增加了「四邊都等長」的條件呢。

一點也沒錯。
換言之，我們也可以說「正方形是四邊等長的長方形」。

正方形是「長方形的特殊例子」對吧。

正是如此。所以，正方形面積的算法也同樣是「長×寬」。而因為正方形的長和寬是等長的，故又可表示成下面這樣。

《正方形的面積》
「正方形面積＝邊長的平方」

所以，1cm×1cm的正方形面積，就是下面這樣囉！

$$1 \times 1 = 1\text{cm}^2$$

是的。這裡根據長方形面積公式得出了1cm^2的答案。而由於面積的定義是**「相當於幾個邊長為1cm的正方形」**，所以答案理所當然是「1個」。

瑪莉的memo

- **基於「所謂的面積，即是表達相當於幾個1cm×1cm正方形大小的量」這個規則，因此能夠證明出長方形面積的事實。**

【三角形的面積】

19 為什麼是「底×高÷2」？

先學長方形面積再學三角形面積的理由

學完長方形面積後，接下來是三角形的面積。
幾何圖形的面積具有以下關係。

・計算三角形面積時，需要用到長方形面積的數學事實。
・計算梯形面積時，需要用到三角形面積的數學事實。

所以我們才以「長方形→三角形→梯形」的順序學習。

原來小學的數學課每個單元都這麼重要嗎……。

是啊。各單元的規則和事實都密切相關。
譬如要解釋前面介紹的長方形面積，一定得用到小數和分數計算的數學事實。

所以，沒有確實理解「小數和分數的計算」的話，就會影響到「長方形面積」等幾何圖形單元的學習嗎……。

證明「直角三角形的面積」

那麼，來看看三角形的面積吧。
三角形的面積可用以下公式求得。

三角形面積＝底×高÷ 2

瑪莉，妳還記得這個公式嗎？

是，勉強記得⋯⋯。
但最後這個「÷2」的部分，我在小學的時候就一直不太明白呢⋯⋯。

首先，先複習一下前一節講過的面積規則吧。

《面積的規則》

所謂的面積，是用來表示圖形範圍相當於幾個長1cm×寬1cm的正方形的量。

可是老師！
三角形和正方形的形狀完全不一樣對吧？

的確。我們先思考看看直角三角形。把2個全等的直角三角形如下圖一樣排列，即可組成一個長方形。

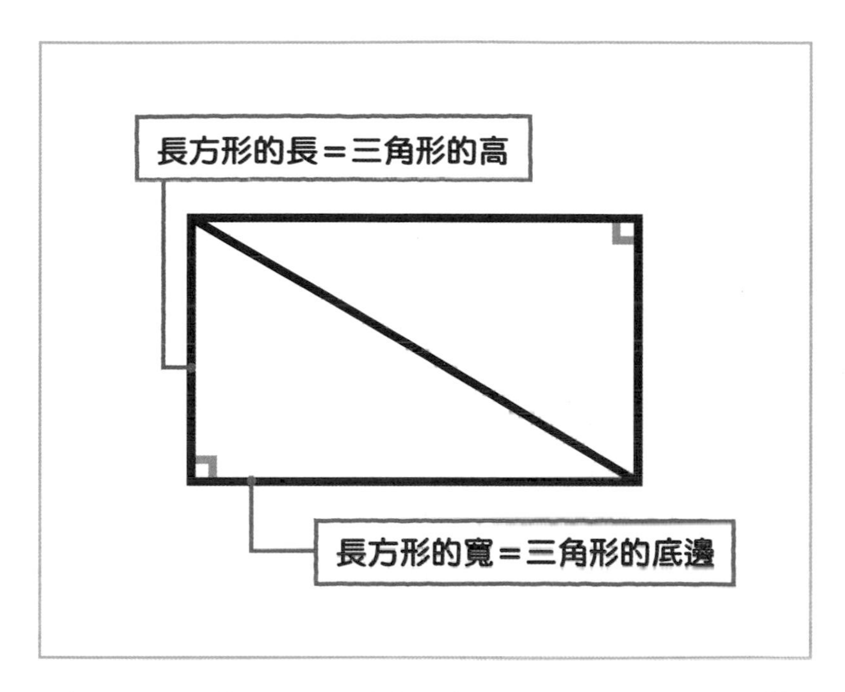

這個三角形的「高」就相當於長方形的「長」。因為長方形面積是「長×寬」，所以這個長方形的一半就是「長方形面積÷2＝底×高÷2」，如此便可求出這個直角三角形的面積。

不過，這個公式也可以用來計算不是直角三角形的三角形面積，對吧？

證明「非直角三角形的面積」

那麼，我們再來想想沒有直角的三角形。

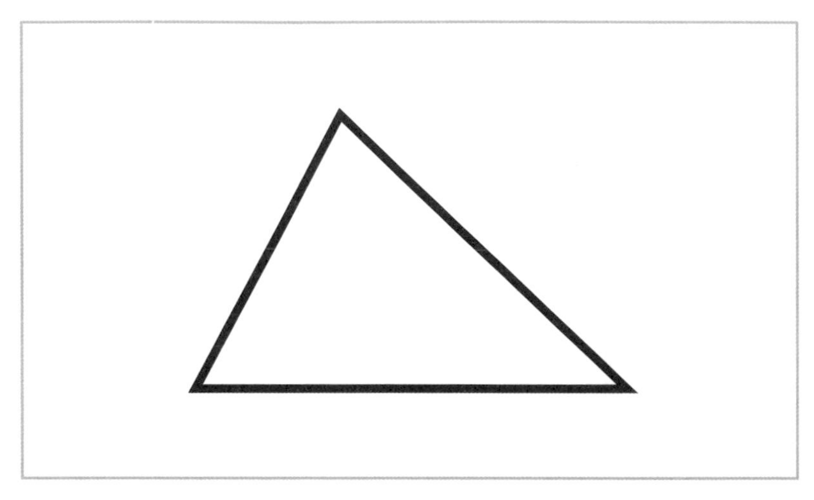

這種時候，一如下圖，我們可以把這個三角形切成2個更小的三角形。

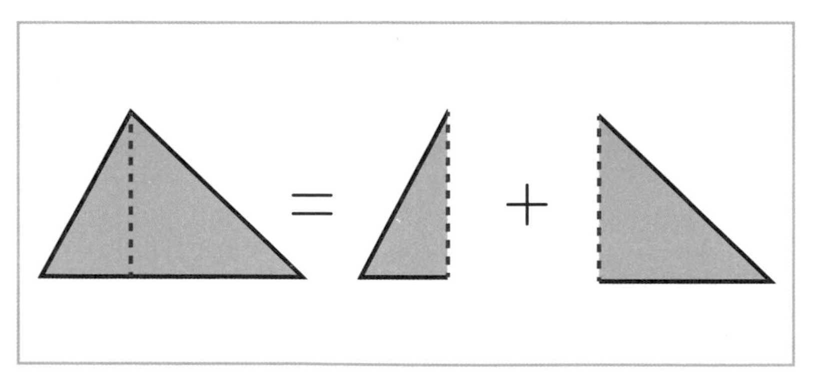

切成2個小三角形，要怎麼證明「面積＝底×高÷2」呢？

讓我們用畫圖的方式證明吧。

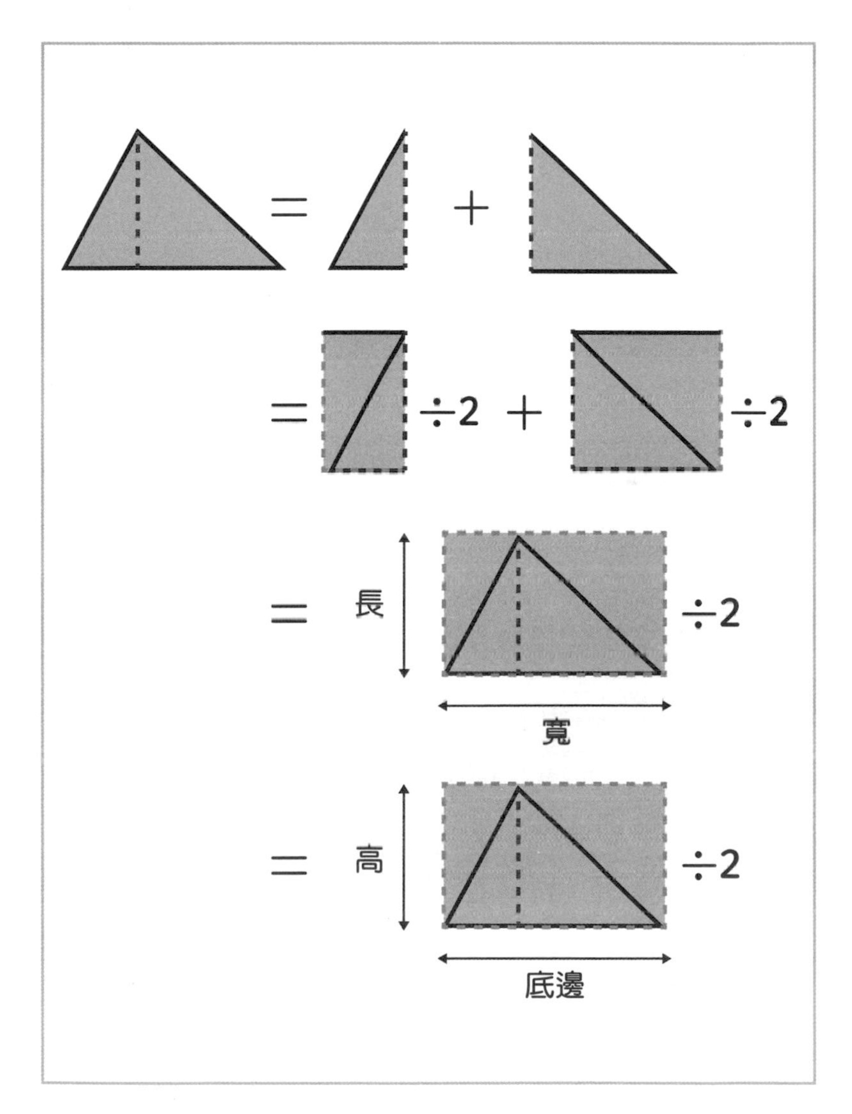

原來如此！圖中最後的＝就是

・**大長方形的寬＝原三角形的底邊**
・**大長方形的長＝原三角形的高**

這樣的意思對不對。

就是這樣。原三角形的面積等於大長方形的面積 ÷2，換言之，可以得知三角形面積等於底 × 高 ÷2。

這樣就能確定即使不是直角三角形，三角形的面積也能用「底 × 高 ÷2」算出來了呢。

非直角三角形的面積＝底×高÷2

完成證明

所以這樣就證明了不論是不是直角三角形，

三角形面積＝底×高÷2

這個公式都是成立的對吧！

不，其實要是嚴格說起來，這個「非直角三角形的證明」並不周全。

咦？這樣還不夠嗎？

我們在前面「非直角三角形的證明」使用的是非常漂亮標準的圖，但是，三角形也可能會像下圖這樣擁有1個大於90°的角，此時三角形的高就可能會變成在三角形的外面。遇到這種情況，就沒有辦法適用剛才的證明方式了。

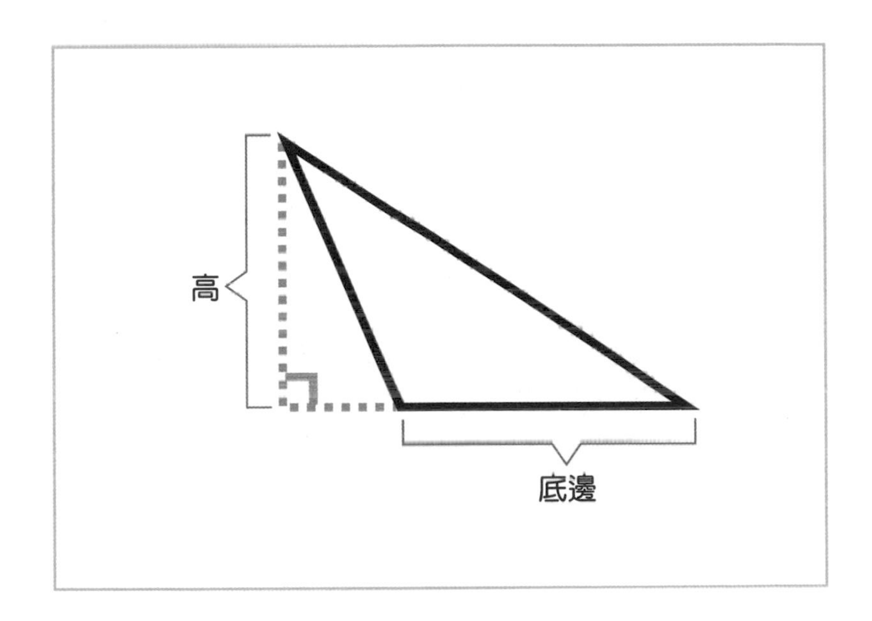

原來如此⋯⋯。剛剛的證明所使用的是特別好證明的圖啊。

正是如此。

另外說個題外話，我自己在某次數學大考時也曾有過「在證明時畫了容易證明的圖，結果因為證明不完備而被扣分」的慘痛經驗。

要想出所有情況都適用的完美證明還真是不容易呢……。

因為我們剛剛用的是容易證明的圖，所以屬於「不完備的證明」。這句話的意思是，這種採用容易證明的圖的方式有可能會得出「錯誤的結論」。

錯誤的結論？

譬如說，採用容易證明的圖的方式來推導的話，還能得出「所有三角形都是正三角形」的錯誤結論。

這裡就不詳細解釋，但這是相當有名的錯誤論證，有興趣的話可以在網路上搜尋「所有三角形都是正三角形」等關鍵字。

那麼，回到正題。

最後，就來證明為什麼當「高在三角形外部」的時候，「三角形面積＝底×高÷2」吧。

這裡我們同樣用畫圖的方式證明。

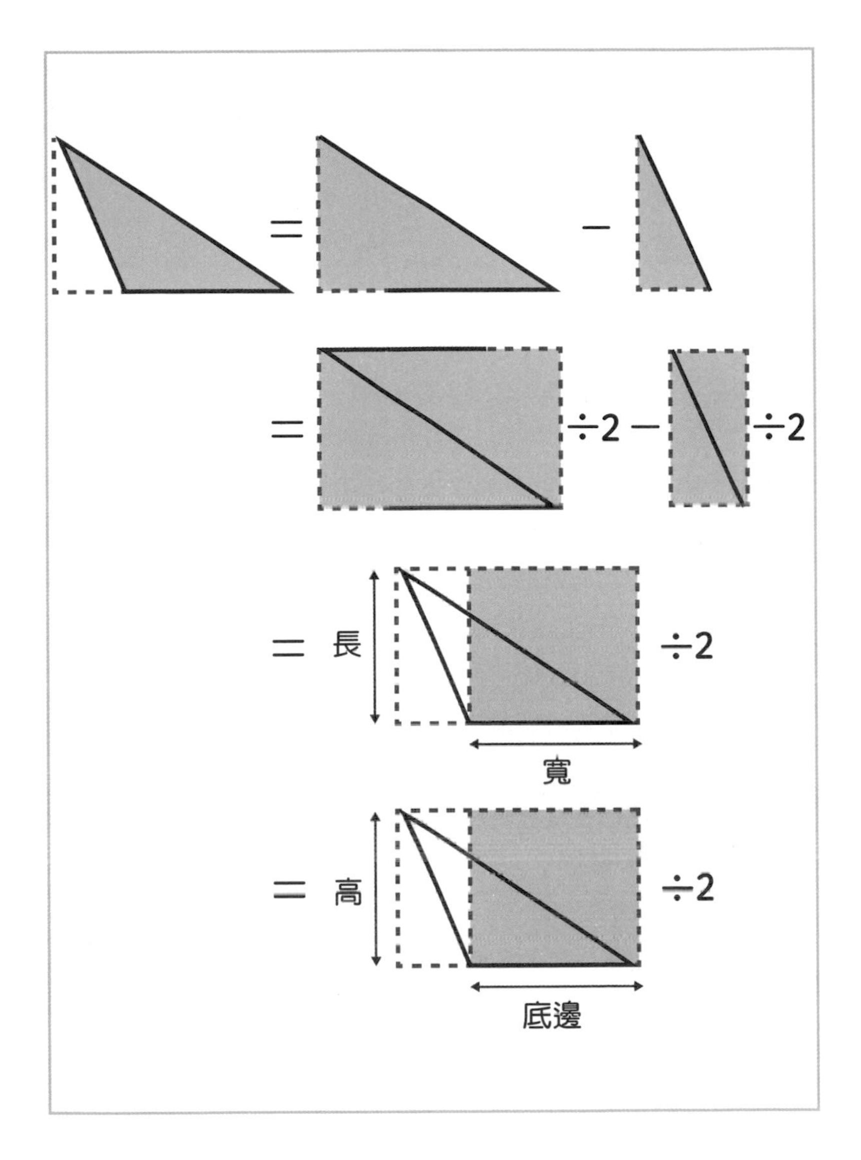

好厲害！這種情況同樣也是「面積＝底×高÷2」呢。結果，不論哪種三角形的面積公式都是一樣的！

計算到這裡，我們總算可以斷言以下結論。

《三角形面積的數學事實》

三角形面積＝底×高÷2

沒想到就連大家都已經當成理所當然的三角形面積公式，認真證明起來也這麼費工夫……！

我想多數小學的數學老師應該都是用直角三角形或「好證明的圖」來講解，幫助學生學習這個公式的吧。不過，重新證明一遍所有三角形都適用這個公式，可以更增進對這個公式的理解。

雖然有點複雜，但我總算理解面積的規則→長方形面積的事實→三角形面積的事實這個邏輯順序了。

在數學中存在很多這種由規則推導出事實後，再用這個事實導出其他事實的例子喔。

數學的基礎就是由這些事實堆疊起來的呢……。

瑪莉的memo

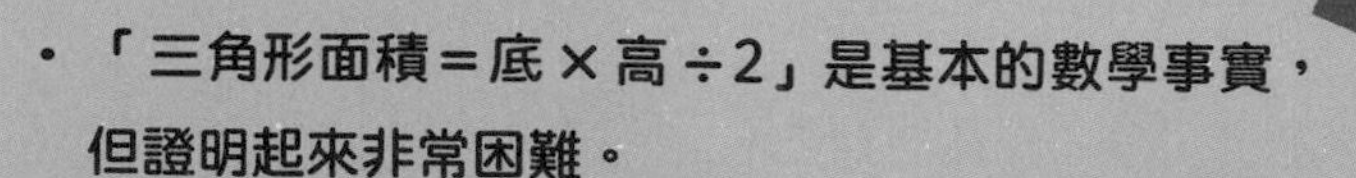

- **「三角形面積＝底×高÷2」是基本的數學事實，但證明起來非常困難。**
- **在數學中存在很多由規則導出事實，再透過這個事實導出其他事實的例子。**

【圓周率】

為什麼是「約3.14」？

「圓周率」的規則與事實

說完長方形、三角形後，接著來看看「圓」吧。

終於輪到「圓」出場了嗎……。

在計算圓的大小和長度時，有個一定會用到的「值」，妳知道是什麼嗎？

這點常識我當然知道啊！是「3.14」對吧！

是的，也就是圓周率。圓周率的規則如下。

《圓周率的規則》

圓周率（π，Pi），即「圓周÷直徑」。

奇怪，原來圓周率的規則不是「圓周率等於3.14」嗎？

「圓周率≒3.14」是一個根據圓周率的規則導出的事實。

《圓周率的數學事實》

基於「圓周率 π ＝圓周÷直徑」的規則，圓周率的值約等於3.1415926535…。

…的部分是什麼意思？

就是無限往後寫的意思。在小學數學中通常省去小數點後第二位以下的部分，用「約等於3.14」來講解。

給人的印象就是個比3大一點的數呢。意思是圓周率的定義是圓周÷直徑，而「圓周÷直徑實際計算後大約等於3.14」是一個事實對吧。

證明「圓周率＞3」

「圓周率＝3.1415926535…」是事實的話，意思就是說它可以被證明囉？

一點也沒錯。不過，要證明「圓周率≒3.14」是相當浩大的工程。事實上，在日本東京大學的入學考試就曾經考過「證明圓周率大於3.05」這個題目。

居然這麼困難嗎！

是的。證明「圓周率≒3.14」很困難，不過要證明「圓周率大於3」這個事實倒是很容易。

只是要證明「大於3」的話，用小學程度的數學知識也能辦到嗎？

「圓周率大於3」的證明，可運用正三角形來導出。首先，我們想像一個6個頂點都剛好在同一圓周上的正六邊形。

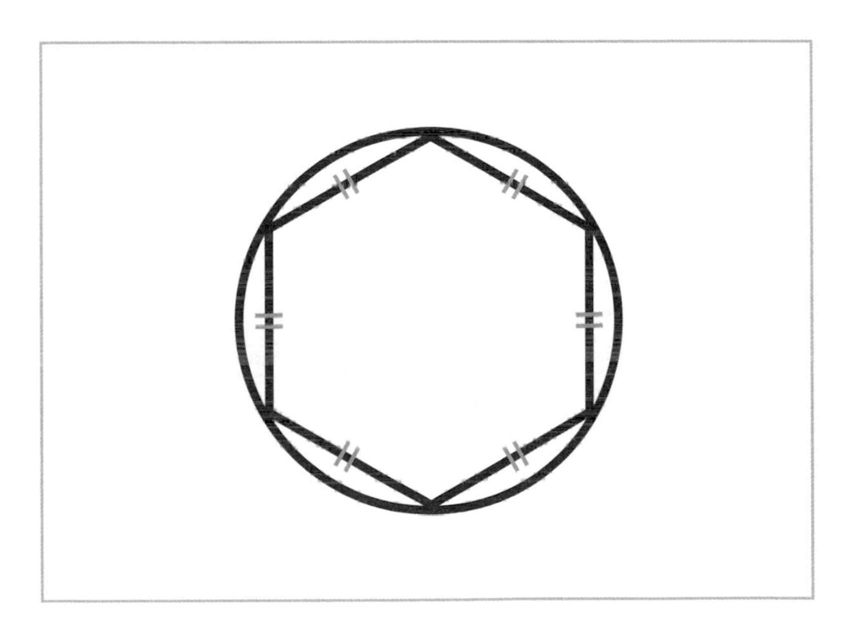

畫出圓心和各頂點的連線後，可以把六邊形分成6個三角形。
事實上，這6個三角形都會是正三角形。

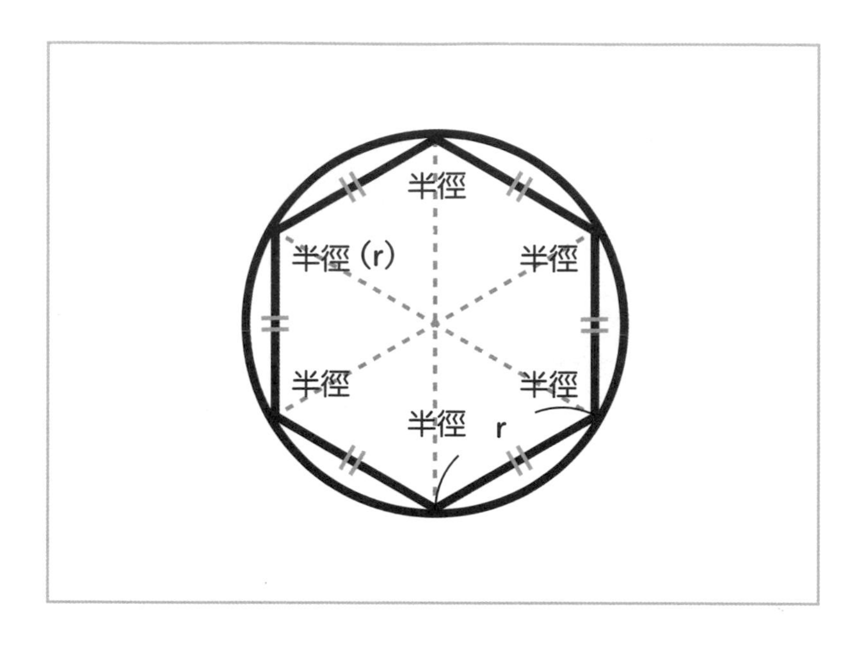

為什麼全部都會是正三角形呢？

因為每個三角形的三邊都等長，所以可以得知這6個三角形是全等的。

由此我們可以確定這6個三角形頂點在圓心上的角也都相等。
而360°分割成6個角度一樣大的角，每個角的角度就是60°。

有2個邊等長且夾角（頂角）是60°的等腰三角形，就是正三角形對吧！

沒有錯。

那妳知道我們還可以從上述事實推導出下面的結果嗎？

「正六邊形的周長」＝3×「圓的直徑」

是因為有6個正三角形……？

因為「圓的直徑」恰好等於2個正三角形的邊長（2r），而「正六邊形的周長」等於6個正三角形的邊長（6r）。

原來如此。但是這跟圓周率有什麼關係呢？

就快說到了，只差一點就能證明完畢囉。

我們知道圓周率就是「圓周」÷「圓的直徑」。

從圖中可以明顯看出「圓周」>「正六邊形的周長」對不對？

對，因為直線一定比曲線更短啊。

所以整理前面得到的結果，就能得出以下結論。

圓周率＝「圓周」÷「直徑」
>「正六邊形的周長（6r）」÷「直徑（2r）」
= 3

原來如此，最後的變形用到了「正六邊形的周長」＝3×「直徑」對吧。

是的，所以根據以上過程，我們就能夠證明「圓周率大於3」的事實。

更高等的事實證明必須使用三角函數

雖然沒想到會用到正三角形，但這樣就證明完畢了呢。真厲害！

至於曾經實際在東京大學入學考中出現的「證明 $\pi > 3.05$」這題，只要使用高中數學會教的「三角函數」便可以迅速解開。

國中生的話只要活用「三平方定理」，加上超乎常人的努力，也同樣可以得到解答。

果然，小學數學還是有極限呢。
雖然圓周率在小學就教了，但要證明「3.141592……」這個數值，光憑小學程度的數學還是沒辦法……。

只是要證明 $\pi > 3$ 這種程度的話，基本上使用小學數學的知識就夠了。
但如果是要深入更精準的「3.14…」的數學世界，就得使用比正六邊形更接近圓形的多邊形來思考，而這部分就必須借助高中數學的力量了。

高中數學的等級果然很高呢……。

題外話：「定義良好」

下面稍微聊點題外話。
我們已知圓周率的規則是「圓周率」＝「圓周」÷「直徑」。
不過，這個規則真的足夠嚴謹嗎？
萬一「圓周」÷「直徑」的結果，其實會因為圓的大小而改變，該怎麼辦呢？

真的耶，萬一大圓的「圓周」÷「直徑」＝5，而小圓的「圓周」÷「直徑」＝1，會隨著圓的大小而變來變去，圓周率就不會是固定值了呢。

一點也沒錯。

所以「圓周率」＝「圓周」÷「直徑」這個圓周率規則，其實是以「圓周」÷「直徑」的結果不會因為圓的大小而改變為前提。

像這種**可使欲定義的值為固定值的數學規則，就叫做「定義良好（well-defined）」**。

如果隨便亂定規則，想定義的值就可能不是固定值，會隨著解釋方式和情境而改變呢……。

是的。而那種**不完備的規則就叫做「定義不明確（ill-defined）」**。

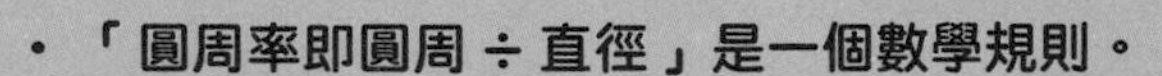

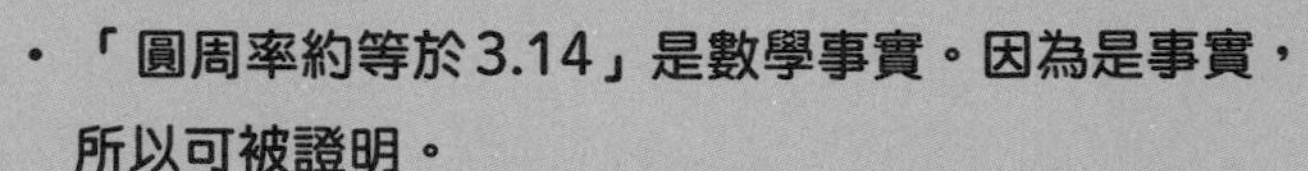

- **「圓周率即圓周÷直徑」是一個數學規則。**
- **「圓周率約等於3.14」是數學事實。因為是事實，所以可被證明。**

【圓面積】

21 為什麼是「半徑×半徑×圓周率」？

不易想像的圓面積

在講完圓周率之後，接下來就是……。

是的，就是本節的主題「圓面積」。

出現啦!!

所有面積裡面最讓人摸不著頭緒的傢伙……。

聽妳這麼說，瑪莉，妳還記得求圓面積的公式長什麼樣子嗎？

呃、呃呃……。

我只記得自己「不記得」這件事……（笑）。

因為長方形有「長、寬」的概念，所以比較容易想像面積是什麼樣子。

然而，因為圓沒有長也沒有寬，直覺上就很難想像面積到底該怎麼算呢。

多虧您提到「長和寬」的關鍵字，我感覺好像有想起來一點了……。

我記得，可以把圓像披薩一樣切成很多塊扇形，然後拼成長方形……？

一點沒也錯。我們可以像下圖一樣把圓分切成小塊，然後橫接起來變成類似長方形的形狀。接著把這個形狀當成長方形看待，導出圓的面積。

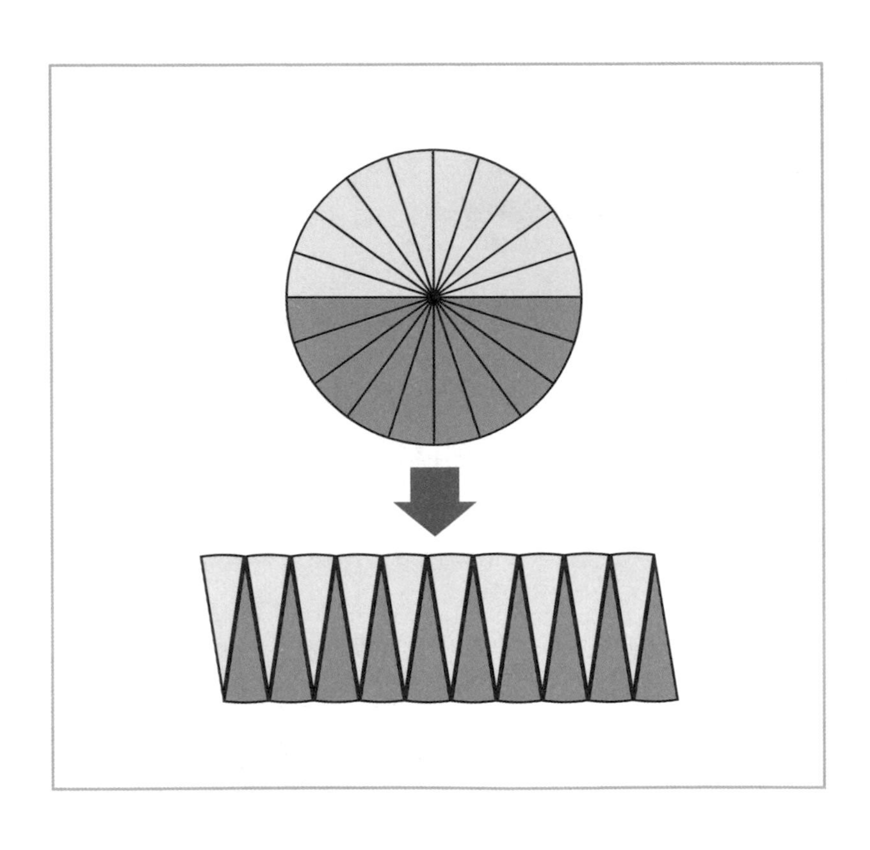

證明「圓面積的事實」

把圓重新組成長方形後，剩下就很簡單了呢！
因為長方形面積是「長×寬」，所以……啊咧？這樣長和寬的長度要怎麼算啊？

由圖來看的話，長方形的**「長≒半徑」**、**「寬≒圓周的一半」**。

也就是說，圓面積是**「半徑」(長)×「圓周÷2」(寬)**對不對！

正是如此。所以，圓面積的公式就是**「圓面積＝半徑×半徑×圓周率(π)」**。

請稍等一下，Masuo老師！
為什麼「半徑×圓周÷2」會變成「半徑×半徑×π」呢？
照理說不知道圓周的話，不就不能計算圓面積嗎……。

的確是這樣，所以這裡必須仔細分析一下。
我們知道圓周率的規則是**圓周率(π)＝圓周÷直徑**。而「除法是乘法的逆運算」，所以「圓周等於直徑乘以圓周率」。

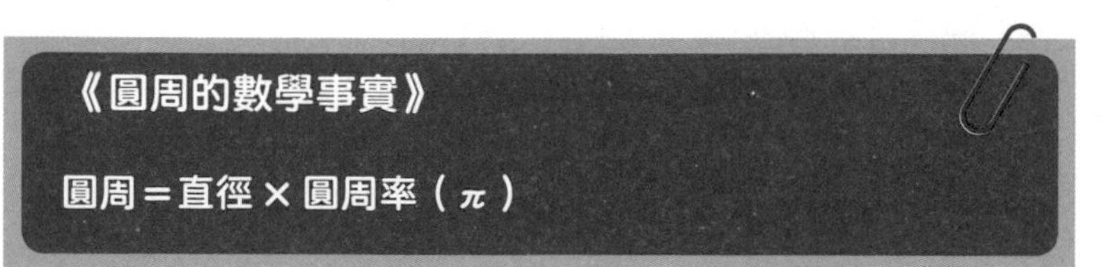

原來如此，這樣子就算不測量圓周也能求出面積了！

是的。整理上面得出的結果，可以得到以下結論。

・圓面積＝半徑×圓周÷ 2
・圓周＝直徑×圓周率（ π ）

利用這2個結論，就可以將公式變化如下。

圓面積＝半徑×圓周÷ 2
＝半徑×（直徑×圓周率）÷ 2
＝半徑×（2 ×半徑×圓周率）÷ 2
＝半徑×半徑×圓周率

這樣我就知道圓面積＝半徑 × 半徑 × 圓周率（ π ）這個公式是數學事實了。

對於想把公式寫得更簡潔的人，也可以用以下寫法來記。

圓面積＝半徑^2×圓周率（ π ）

哦哦～！當初在學圓面積的時候，總覺得「這公式就像咒文一樣」，但原來思考方式也跟長方形面積一樣啊。

因為這個公式不像長方形是可以用直覺就理解的公式呢。

不過，只要用把圓切成披薩狀再拼成長方形的思考方式，就能用上面的式子求出面積。

更嚴謹的話也可以運用高中數學教的積分或大學數學的極座標來證明，不過最後導出來的公式依然跟上面是一樣的。

就算用更高難度的證明，結果也還是不變呢。

透過以上的證明，我們就可以充滿信心地宣稱「圓面積可以套公式計算」了。

瑪莉的memo

- 「圓面積＝半徑×半徑×3.14…」是一個數學事實，故可被證明。
- 要證明這個事實，必須先理解圓周率的規則和事實。

【圖形的放大】

圖形放大成2倍，面積和體積會變成幾倍？

圖形變成2倍時，面積變幾倍？

這樣面積的部分就告一段落了，接著來講體積吧。

感覺體積的計算又比面積要麻煩一倍呢……。像我這種數學白癡真的能搞懂嗎。真不安……。

瑪莉，妳都已經學到這麼多了，拿點自信出來吧！
妳絕對能搞懂的！

唔～嗯，沒什麼自信……。

既然如此，就先幫妳的大腦做點熱身運動，這一節來探討一下「圖形的放大」這個問題吧。
譬如說，當圖形變成2倍時，面積會變成幾倍，妳知道嗎？

圖形變成2倍的意思，是指邊長變成2倍嗎？

沒有錯。假設有一個底邊2cm、高1cm的三角形。若把這個圖形放大為2倍，請問面積會變成幾倍呢？

放大前的三角形面積是「底×高÷2」，也就是2cm×1cm÷2＝1cm^2對吧。

圖形放大為2倍，底邊變成4cm，高變成2cm，所以應該是：

$$4cm \times 2cm \div 2 = 4cm^2$$

從1變成4，答案是4倍！

瑪莉，答得很好喔！

那麼，若把一個長邊2cm、短邊1cm的長方形變為3倍，請問面積會變成幾倍呢？

因為長方形面積是「長×寬」，所以放大前的長方形面積是2×1＝2cm^2；而放大為3倍後的長方形面積是6×3＝18cm^2，也就是9倍！

瑪莉，太完美了！

由此可以看出，當圖形放大2倍時，面積會變成4倍；圖形放大3倍時，面積變成9倍。

其他圖形也一樣放大2倍後，面積變4倍，放大3倍後，面積變9倍嗎？

是的。譬如以圓形來說，半徑為r時面積是πr^2；放大2倍後的面積則變成$\pi (2r)^2 = 4\pi r^2$，所以也是4倍。

事實上不論哪種平面圖形，都具有「放大2倍後面積變4倍」的性質。只要把所有平面圖形都想成「無數超細小長方形的集合」，應該就能理解為什麼了。

放大2倍時，面積是$2\times2=4$倍。若是放大3倍的話，面積就是$3\times3=9$倍對吧！

就是這樣。將平面圖形放大k倍，面積就會變成$k\times k=k^2$倍。

《平面圖形放大的數學事實》

圖形放大k倍，則面積變為k^2倍。

圖形變成2倍時，體積變為幾倍？

說完面積，再來就輪到「體積的規則」了吧。

體積也跟面積一樣，要嚴格解釋起來的話會相當複雜，所以我們直接從下面的數學規則開始介紹。

《體積的規則》

所謂的體積，就是用來表示相當於幾個1cm×1cm×1cm立方體的量。

其中，**立方體的體積（cm^3）是用「邊長的3次方」求出**。這個事實的證明在此省略不提，不過基本上就跟正方形面積的證明思路一樣。那麼，請利用這個規則，想想看當邊長1cm的立方體放大2倍時，體積會變成幾倍。

如果思路跟剛剛一樣的話，是這樣算嗎……？

邊長 1cm 的立方體體積 = 1^3 = $1cm^3$。
將此圖形放大 2 倍時，由於邊長變為 2cm，因此體積為 2^3 = $8cm^3$。

答對了！ 3次元的立體圖形變為2倍時，要再加上高的概念，所以是「長×寬×高」都變成2倍，所以體積就是2^3等於8倍。同理可證，球的體積（$\frac{4}{3}\pi r^3$）中的半徑也是3次方，故體積也是8倍。

按照同樣的思路，放大3倍的話，體積就變成$3^3 = 27$倍對吧。

瑪莉，妳的觀察力非常敏銳喔！
立體圖形（3次元）的情況，當圖形變成k倍時，體積就會變成k^3倍。

《立體圖形放大的數學事實》

當圖形放大k倍，則體積變為k^3倍。

將「圖形放大的事實」一般化

只要記住這個公式，在放大面積和體積的時候就不用從頭慢慢算一遍，好方便喔！

看完這個推論過程後，數學愛好者腦中第一個想到的就是把這個公式「一般化」。

這個公式也可以一般化嗎？不過，再進一步的話還可以怎麼思考呢？

譬如將直線（1次元）放大2倍時，線段的長度只會單純變成2倍，但這也可以想成是「2的1次方倍」。事實上，圖形的放大存在以下的一般化數學事實。

《圖形放大的數學事實》

無論何種d次元的圖形，只要放大k倍時，其圖形大小將變為「k的d次方（k^d）倍」。

同一種思路可以應用在任何一種圖形的放大上呢！

只要知道這個事實，無論是平面還是立體，對於圖形放大後大小變成幾倍的問題，都可以使用同一個公式算出答案。
例如就算忘記了「平面圖形放大的事實」或「立體圖形放大的事實」，只要還記得上述的數學事實，無論是平面還是立體，不論放大幾倍都可以算得出來。

一般化的威力真驚人……。

將與「圖形的放大」相關的各種事實的關係畫成圖表，就像以下這樣。

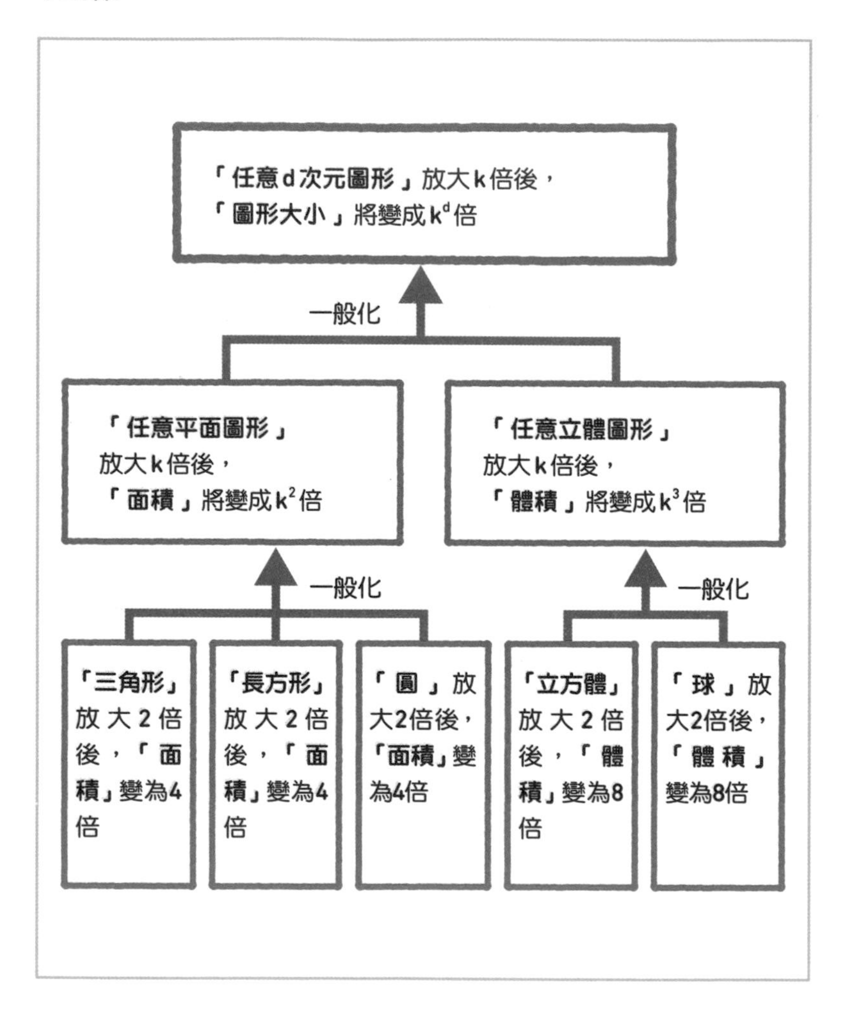

圖表最下面是在小學數學中出現的各種圖形面積的事實，將這些事實統整後，即可得出2次元圖形放大的事實。然後，再進一步將2次元和3次元圖形的事實一般化，就是所有圖形放大的數學事實。

乍看之下，最上面的公式似乎很難理解，但它卻可以用單一公式解釋所有圖形的放大。而下段的具體公式雖然很好懂，卻只能應用於個別的圖形。故數學公式可以分成以下2類。

- **簡單易懂但只能解決特定問題的公式**
- **難以理解但可以解決多種問題的公式**

原來如此……。好深奧喔……。我突然想到，這個公式的意思是，4次元的話就是變成4次方倍嗎？

一點也沒錯！雖然4次元是超出人類想像能力的世界，但假如真的有4次元世界存在，那麼4次元圖形的大小就會變成4次方倍。

難怪哆啦A夢的口袋可以裝下那麼多東西……。

瑪莉的memo

- **「把三角形放大2倍則面積變為4倍」是一個具體的數學事實。具體的事實雖然容易理解，但只能處理特定的問題。**
- **「把d次元的圖形放大k倍則大小變為k^d倍」是一個一般化的數學事實。一般化的事實乍看很難懂，但可以處理各式各樣的問題。**

【錐體的體積】

23 為什麼三角錐的體積是「底面積 × 高 ÷ 3」？

什麼是「錐體」？

既然前面已經接觸過「立體」的體積，那麼我想再進一步挑戰小學數學最後的堡壘「錐體」的體積。

錐體是什麼來著？

這個詞平時比較少聽到呢。錐體的規則如下。

《錐體的規則》

所謂的錐體，即是存在1頂點和平面圖形（底面）時，用線段連接頂點和底面後形成的立體。

換言之，也就是圓錐、三角錐、四角錐等立體。或許直接看圖說明會更快。

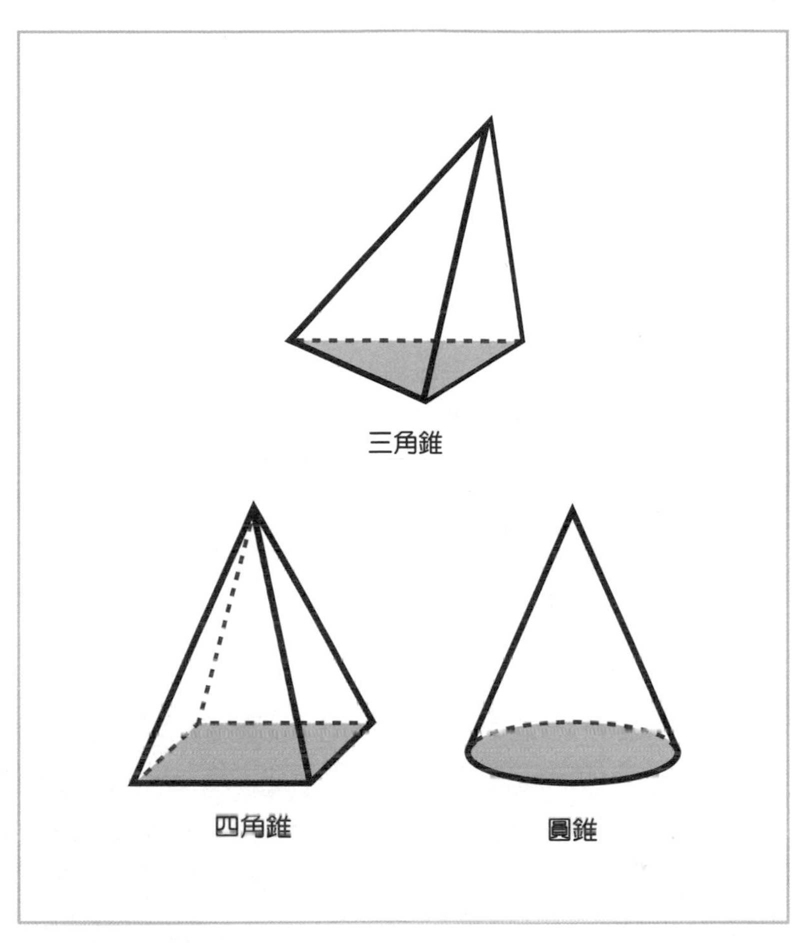

如果直接先介紹事實的話，錐體體積可以用以下公式算出。

我想起來了！我在小學第一次學到的時候，一直想不通「為什麼要除以3？」，直到現在還是搞不清楚呢……。

因為這個公式的證明很困難，我想大多數的數學教科書恐怕都直接省略了。

因此，這裡我想使用目前為止我們教過的數學事實和「卡瓦列里原理」，盡可能用不省略的方式仔細講解一遍。

挑戰「錐體體積」前的準備工作

卡瓦列里原理……。總覺得光聽名字就好像很難懂……。

卡瓦列里只是一個人名而已（笑）。所謂的卡瓦列里原理，也就是以下事實。

《卡瓦列里原理》

用垂直於某軸的平面同時切過2個立體X、Y時，若不論從哪個位置切進去，Y的截面積都是X截面積的a倍，則Y的體積亦為X體積的a倍。

也就是說，如果截面積的比率為固定值，那麼2個立體的體積比也會等於該值。

光看字面描述好難理解……。

看圖的話應該會好懂很多。

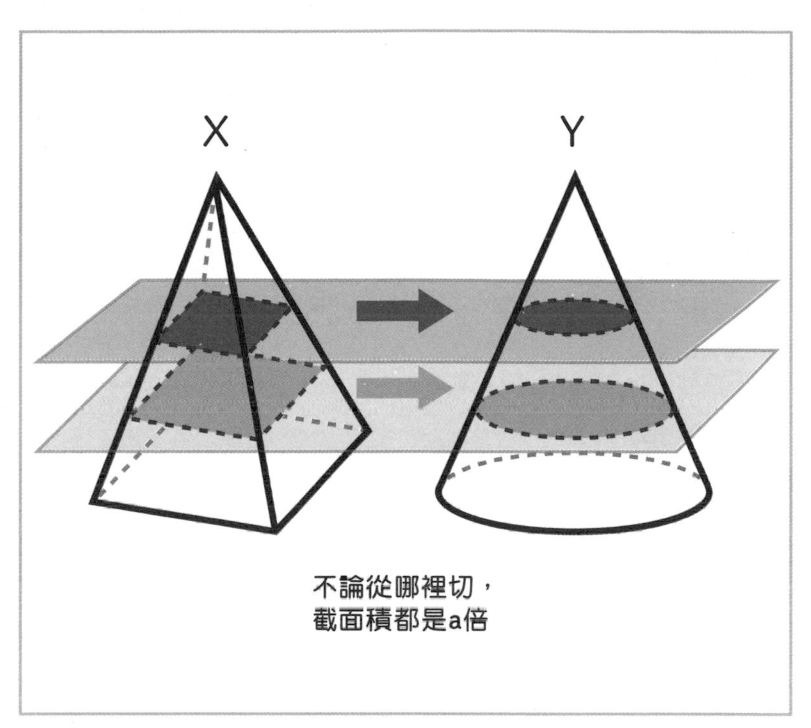

原來如此！因為不論從哪裡切面積都是2倍，所以體積也會是2倍對吧。

就是這麼回事。

卡瓦列里原理雖然是一個數學事實，但要認真證明起來非常困難，因此這裡我們用畫圖理解就好。除此之外，我們還要用到前面教過的圖形放大的數學事實，所以這裡再寫一遍。

《圖形放大的數學事實》

無論何種d次元的圖形，只要放大k倍時，其圖形大小將變為「k的d次方（k^d）倍」。

- 如果是平面圖形，放大k倍則面積為k^2倍。
- 如果是3次元立體，放大k倍則體積為k^3倍。

感覺就像是前面學過有關圖形的數學事實的總驗收呢！
突然緊張起來了……。

「證明錐體體積」的第1階段：特殊的正四角錐

那麼正式開始證明錐體體積的公式吧。這個證明分為3個階段。首先是第1階段。這裡我們使用高度為1，底面邊長為2的正四角錐為例子來思考。另外，以下提到所有數值的單位都是cm和cm^2，故省略不寫。

是底面為2×2正方形的正四角錐呢。

是的。首先我們要來檢驗「體積＝底面積×高÷3」這件事。請看右頁的圖。

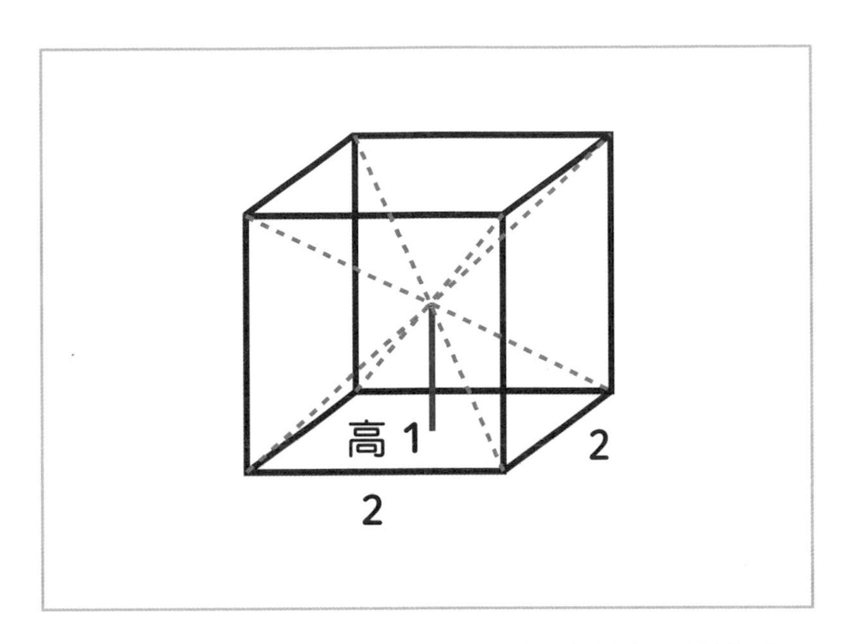

如圖所示，將邊長為2的立方體之中心點和各頂點用線連起來，可以分割成6個形狀相同的正四角錐。正四角錐的高為1，而底面則是邊長為2的正方形。

此時正四角錐的體積是多少呢？請不要使用公式先計算看看。

因為是由立方體6等分而成的正四角錐，所以正四角錐的體積應該是$2 \times 2 \times 2 \div 6 = \frac{8}{6} = \frac{4}{3}$嗎？

沒錯。

另一方面，「底面積×高÷3」的結果則是$2 \times 2 \times 1 \div 3 = \frac{4}{3}$。

原來如此。不使用公式的話，就能檢驗「體積＝底面積×高÷3」的結果了。可是，如果不是使用正四角錐的話，感覺兩邊的結果就不會剛好一樣……。

是啊。而我們想證明的是所有錐體的體積都是「底面積×高÷3」，所以還要繼續進行下一階段。

證明的第2階段：正四角錐的放大

那麼接下來是第2階段。讓我們想想如果將此正四角錐放大h倍，體積會如何變化。

把它放大h倍對證明有什麼幫助嗎？

剛剛我們想像的正四角錐的高度為1，而底面是2×2的正方形。為了確定其他正四角錐是否也會有同樣結果，所以要把這個正四角錐變為h倍。

意思是要確認正四角錐變成h倍後，是否同樣符合「體積＝底面積×高÷3」嗎？

我們來證明看看吧。
首先，由於放大h倍後的圖形體積會變成原本圖形的h×h×h倍，所以可以得到

體積＝$\frac{4}{3}$（原本圖形的體積）×h×h×h＝$\frac{4}{3}h^3$的結果。另一方面，用「底面積×高÷3」計算出來的結果是什麼呢？

因為底面積就是邊長為（2×h）的正方形面積，所以是

$$2h \times 2h = 4h^2$$

而高是h，所以應該是像這樣？

$$\text{「底面積×高÷3」} = 4h^2 \times h \div 3 = \frac{4}{3}h^3$$

沒有錯。

所以我們證明了高為h，底面邊長為2h的正四角錐也會符合「體積＝底面積×高÷3」。

第1階段證明了特定大小的正四角錐。而第2階段則證明了所有大小的正四角錐都會符合「體積＝底面積×高÷3」呢。

使用卡瓦列里原理完成證明

那對於正四角錐以外的錐體，又該怎麼證明呢？

靠最後的第3階段！

接下來的部分會稍微有點困難，因此請努力跟上喔。我們要來證明對於任意錐體Y，都能夠符合「體積＝底面積×高÷3」這件事。

首先，假設Y的底面積為S，高為h。然後，利用第2階段的證明結果，假設X為「高等於h，底面是2h×2h的正四角錐」，將卡瓦列里原理套用於X和Y上。

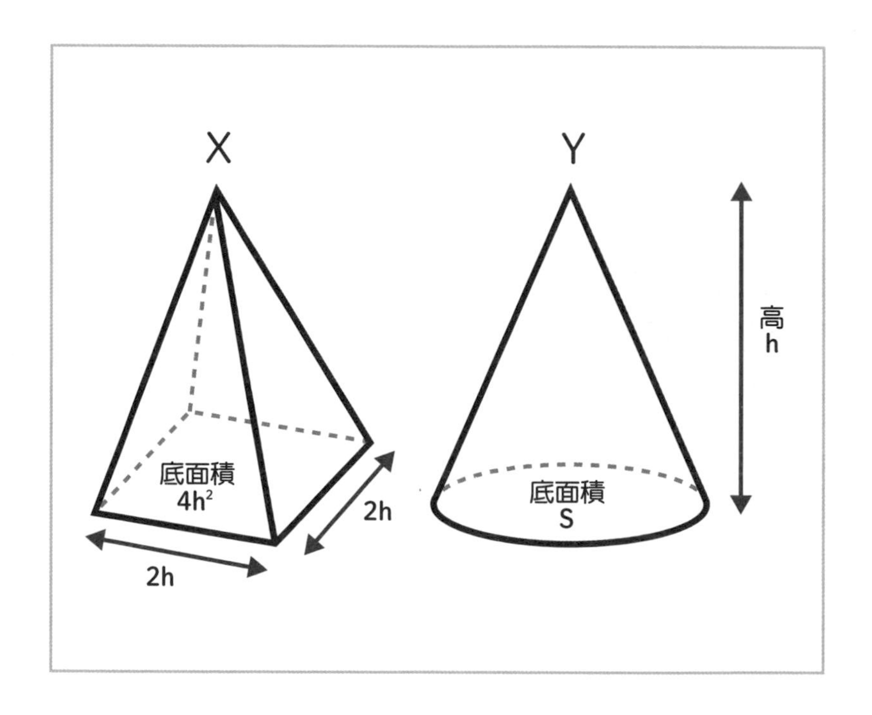

根據卡瓦列里原理，如果不論從哪裡切開「Y的截面積都是X截面積的a倍」的話，則「Y的體積也是X體積的a倍」對吧。

是的。而且事實上，不論從哪裡切開，「Y的截面積都必然是X截面積的 $\frac{S}{4h^2}$ 倍」。

因為Y的底面積是S，X的底面積是 $4h^2$，所以只看底面部分的話，Y的截面積的確是X的 $\frac{S}{4h^2}$ 倍。

沒有錯。而底面積以外的部分也是一樣，譬如從正中央切開的話，Y的截面積是 $\frac{S}{4}$，X的截面積是 h^2，所以Y的截面積的確也是X的 $\frac{S}{4h^2}$ 倍。

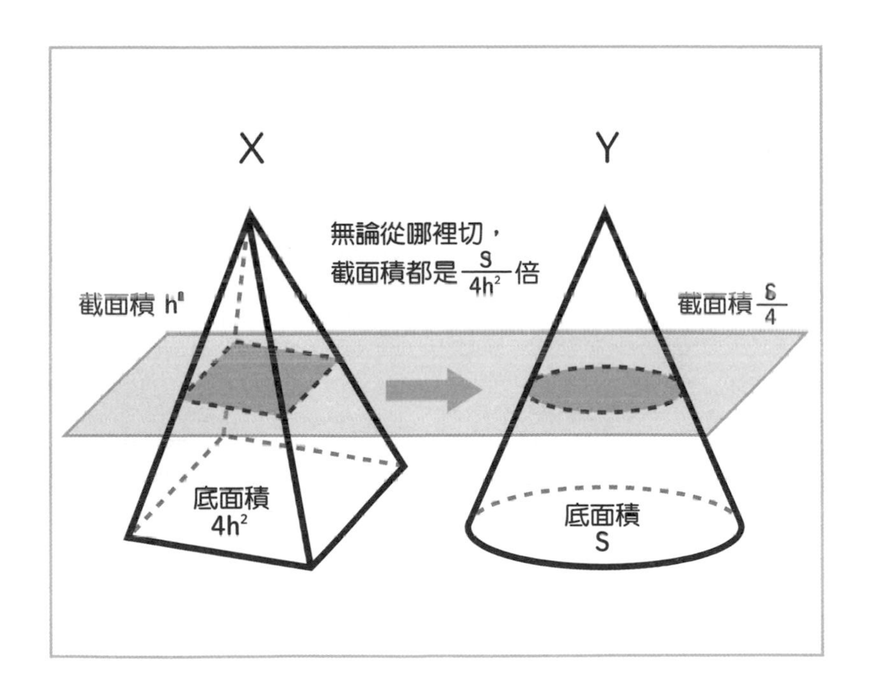

為什麼從正中央切開時，Y的截面積是 $\frac{S}{4}$，而X的截面積則是 h^2 呢？

因為正中央的截面，就相當於底面的圖形放大 $\frac{1}{2}$ 倍，所以面積就是 $\frac{1}{2} \times \frac{1}{2} = \frac{1}{4}$ 倍。

原來如此。這樣我就明白為什麼在底面和正中央的部分，Y的截面積是X的 $\frac{S}{4h^2}$ 倍了。

即使從其他地方切，也同樣可以用底面積的縮放來思考，因此可以得知Y的截面積一定是X的 $\frac{S}{4h^2}$ 倍。所以，依照卡瓦列里原理，Y的體積也會是X體積的 $\frac{S}{4h^2}$ 倍。
而且，X的體積根據第2階段的計算是 $\frac{4}{3} \times h^3$，因此可以得到以下結果。

$$\text{Y的體積} = \text{X的體積} \times \frac{S}{4h^2}$$
$$= \frac{4}{3} \times h^3 \times \frac{S}{4h^2}$$
$$= S \times h \div 3$$

變成底面積 × 高 ÷ 3了！

而由於卡瓦列里原理可以用於底面是任何形狀的錐體，所以即使是圓錐或三角錐，

錐體的體積＝底面積（S）×高（h）÷ 3

也同樣適用上面這個公式。

雖然真的很難……，但我總算明白這個事實即使用數學式也能徹底證明了！

這下子，我就能毫無顧慮地使用「底面積（S）×高（h）÷3」來計算了。

瑪莉的memo

- **我們證明了不論三角錐、四角錐或圓錐的體積，都可以用「底面積×高÷3」計算出來。**

【一筆畫圖形】

24 為什麼「田」這個字無法一筆畫完？

一眼就能看出是否能一筆畫完的「一筆畫事實」

幾何圖形果然是很棘手的單元，但我覺得自己比小學的時候更理解幾何圖形了。

那就太好了。那麼，下面讓我們稍微換個有趣的主題，用「一筆畫」問題來為幾何的部分收尾吧。

咦？一筆畫問題，不就是那個能不能用一筆就畫完某個圖形的問題嗎？

對。這個問題也經常在益智教材和腦力訓練等書籍中出現呢。

一筆畫問題跟小學數學有什麼關係啊？

在判斷「一個字能不能用一筆畫寫完」時，其實是可以用數學方法去分析的喔。

嘿！感覺好像很有意思！

一筆畫問題的規則如下。

《一筆畫問題的規則》

在筆尖完全不離開紙面的情況下，用一筆畫描出構成特定圖形的所有線段，即為「一筆畫問題」。只不過同一條線不可通過2次以上，且筆畫不得超出描線。

譬如說，用一筆畫寫完「口」和「日」這2個字的方法，分別用下圖來表示。

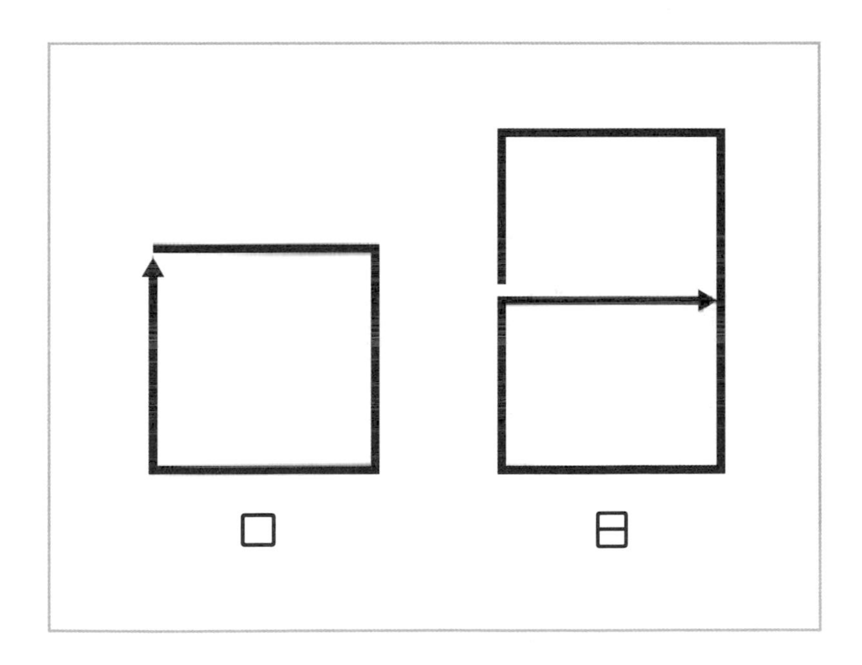

好了。這2個字很簡單呢！

「田」有辦法一筆寫完嗎？

那麼問題來了，妳有辦法用一筆畫寫完「田」這個字嗎？
不瞞妳說，我在幼稚園時代第一次遇到這個問題的時候煩惱了很久，讓我印象非常深刻。

堂堂一個大人，至少得贏過幼稚園時代的老師才行！
我要挑戰看看！

-----5分鐘後-----

寫不出來……。

其實，「田」這個字是不可能一筆寫完的。

咦咦!?虧我還拚命思考了5分鐘耶！老師您太沒人性了！真的不管怎麼努力都辦不到嗎？

是的，「田」這個字不能用一筆畫寫完，這件事是可以證明的。

可是，不能一筆寫完這件事要怎麼證明呢？難不成是要把所有方法全部都試過一次來確認嗎……？

事實上，有個方法可以不用把所有寫法都試一遍也能證明。下面是關於一筆畫問題的數學事實。

《不可能一筆畫完的數學事實》

欲用一筆畫出某圖形時，在所有交叉點（3條以上線段匯集的點）中，若有3個以上是由奇數條線段匯集而成，則該圖形不可能一筆畫完。

只要利用這個事實，就能夠知道「田」這個字有沒有辦法一筆寫完嗎？

是的。讓我們實際看看田字的情況吧。

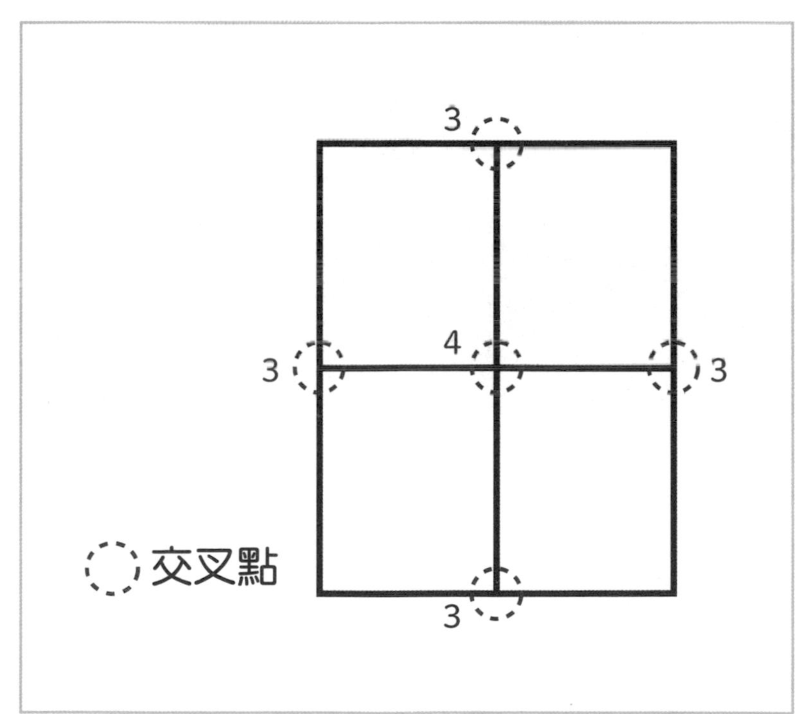

「田」這個字具有以下性質。

・3 條線匯集而成的交叉點，有 4 個。
・4 條線匯集而成的交叉點，有 1 個。

因此，由於由奇數條線匯集成的點有4個，可以判斷「田字不能用一筆畫完」。

原來如此，只要利用「不可能一筆畫完的數學事實」，就能得知「田」字不可能一筆畫出來！可是，「不可能一筆畫完的數學事實」為什麼能夠成立呢？

對數學事實背後的理由感到好奇是一件很好的事！
它的證明簡單來說，就是下面這樣。

① 在一筆畫的途中通過交叉點時，必然會畫出進入交叉點的「入口線」和離開交叉點的「出口線」的 2 條線。
② 因此，由奇數條（譬如 5 條）線匯集而成的交叉點，不論在畫的過程中通過幾次（譬如 2 次），都一定會剩下 1 條線沒畫到。
③ 然而，在所有交叉點中，只有筆畫的起點和終點可以沒有「出口線」或沒有「入口線」。

換言之，除了起點和終點這2個地方可以是「由奇數條線匯集成的交叉點」外，只要有任何其他「由奇數條線匯集而成的交叉點」存在，這個圖形就不可能用一筆畫完成。

我大概了解了。所以只要使用不可能一筆畫完的數學事實，就算不試遍所有畫法，只要數一下每個交叉點的線段數，就能夠判斷這個圖形能不能一筆畫完。

是的。事實上，除了「不可能一筆畫完的事實」外，與它十分相似、下面的「可以一筆畫完的事實」也同樣成立。

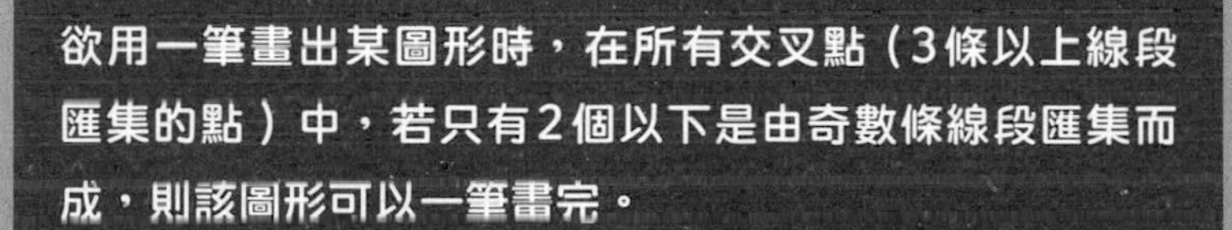

《可以一筆畫完的數學事實》

欲用一筆畫出某圖形時，在所有交叉點（3條以上線段匯集的點）中，若只有2個以下是由奇數條線段匯集而成，則該圖形可以一筆畫完。

所以奇數條線匯集成的交叉點在「2個以下」可以一筆畫完，在「3個以上」則不可能一筆畫完囉！

是的，一點也沒錯。那麼讓我們實際來看看可以一筆畫完的「日」字是什麼情況吧。

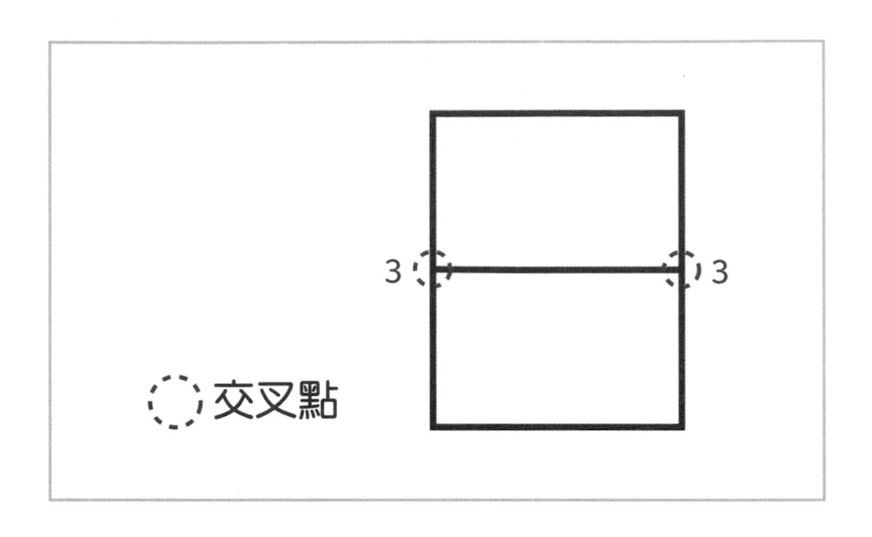

由圖可以發現，日字只有2個由3條線匯集成的交叉點。因此，由於由奇數條線段匯集成的交叉點是2個，故可以判斷出日字能用一筆畫完。

原來如此！就算不實際畫畫看，只需要數一下奇數條線匯集成的交叉點數量，也能知道一個圖形能不能一筆畫完呢！

是的，正是如此。就如同在「圖形的放大」中也提過的，只要將法則抽象化推導出「事實」，就不需要一一去記憶每個問題的解法。換言之，可以利用事實去處理多種問題。

瑪莉的memo

- **要判斷某個圖形能否一筆畫完，只要數數由奇數條線匯集成的交叉點數量即可。**

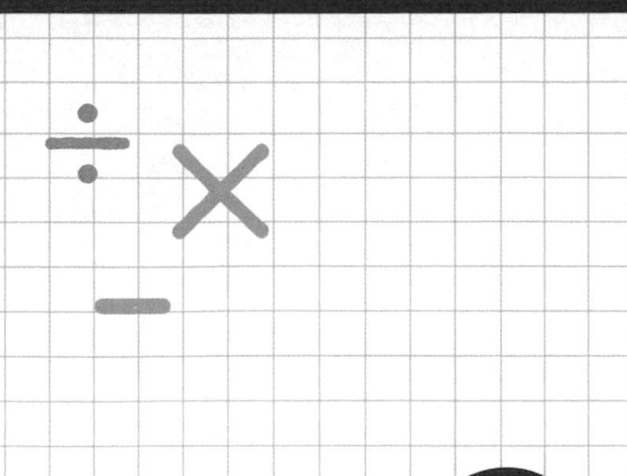

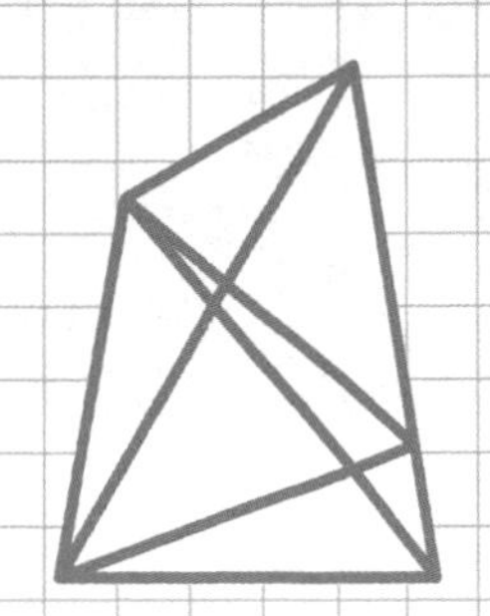

第3章

「努力能解開的問題」與「需要才能的問題」

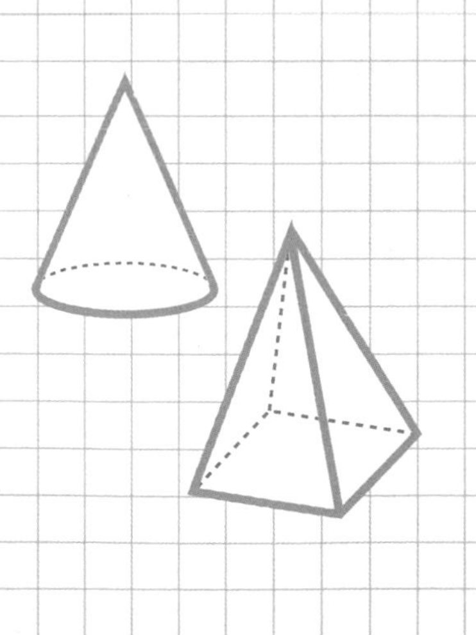

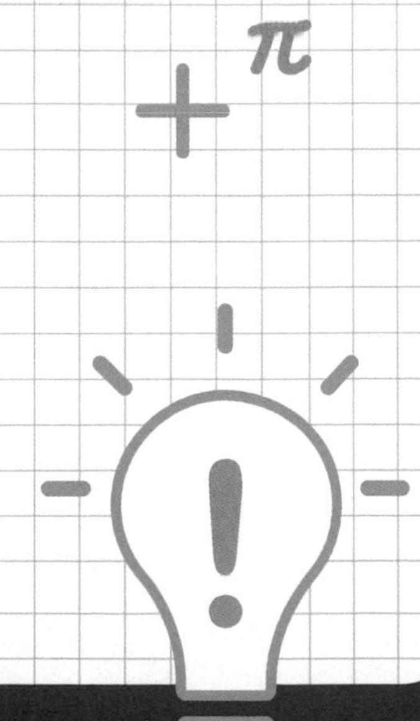

【數學學習法】

25 「擅長數學的人」到底跟常人有何不同？

「會解題≠有數學頭腦」？

在第1章和第2章，我們著重在「數學規則」和「數學事實」的區分，複習了小學數學課教過的基本內容。瑪莉，重新學習小學數學，感覺如何？

過去一直耿耿於懷的小學數學之謎總算豁然開朗了！現在我終於知道算數和數學，都是由一個個的規則和事實建構而成，即使是沒有數學頭腦的人也能夠理解！

的確。小學的數學課是小孩子為對象，而且授課時間有限，某種程度上只能採用半填鴨式的教學法。這次重新學過一遍後，相信未來妳應該就能夠區別「數學規則」和「數學事實」了。

以後對於各種「規則」和「事實」，我總算不需要靠大概的印象，而是能充滿自信地告訴別人為什麼了！
對了，老師，關於算數和數學，我還有一個疑問。

什麼疑問呢？

請問該怎樣才能成為「會解數學題的人」呢？
數學跟其他學科不一樣，就算付出努力也很難提高分數啊。我明明拚命背了很多公式……。果然是因為我沒有「數學頭腦」嗎？

不對。**「會解數學題的人」跟「有數學頭腦的人」，不一定是一樣的喔。**

意思是沒有數學頭腦也可以解題嗎？

要看是哪種問題。的確也有即便沒有數學頭腦，也能「靠努力解開的問題」。但另一方面，也存在「需要才能的問題」。
我認為
「數學是死背的科目，單靠努力就能決定一切！」
「數學只看才能，再怎麼努力也沒有意義！」
不管哪一方的論點都過於偏頗，不符合事實。

兩者都不對嗎……。拜託您再說得詳細一點！

既然如此，第3章我們就把重心放在「努力能解開的問題」和「需要才能的問題」之間的差異上，詳細說明究竟該怎麼樣才能解開數學問題吧。

數學「問題」大致可分為3種

數學考試中會出現的問題，大致可分為**「努力能解開的問題」和「需要才能的問題」**2種。而再區分得更細的話，還能分成以下3種。

①典型的問題
考驗數學知識，也就是考試中頻繁出現的問題。只要記住題型，替換一下題目中的數字等就能解開。

②「典型問題」的應用
考驗有無能力活用典型問題中出現的知識，並應用於其他題型的考題。

③非典型的問題
考驗「數學創意」的問題。如果缺乏數學靈感的話，無論有多少知識也無法解開的問題。

在以上分類中，**①就是只要努力一定能解開的問題**。
而②則是需要懂得把努力背下來的知識應用到其他題型中，將知識抽象內化才能解開的問題。
一般的數學考試基本上都是以①～②的題型為中心來出題。

那③的問題在考試中不會出現嗎？

③屬於沒有「靈光一閃」就解不開的問題。除非考試的目的是要篩選擁有超乎常人般數學想像力的人，否則基本上不會出這種問題。

意思是，我可以不用太在意③的問題嗎？

總而言之①和②比較重要。①～③用畫圖表示的話感覺就像下面這樣。

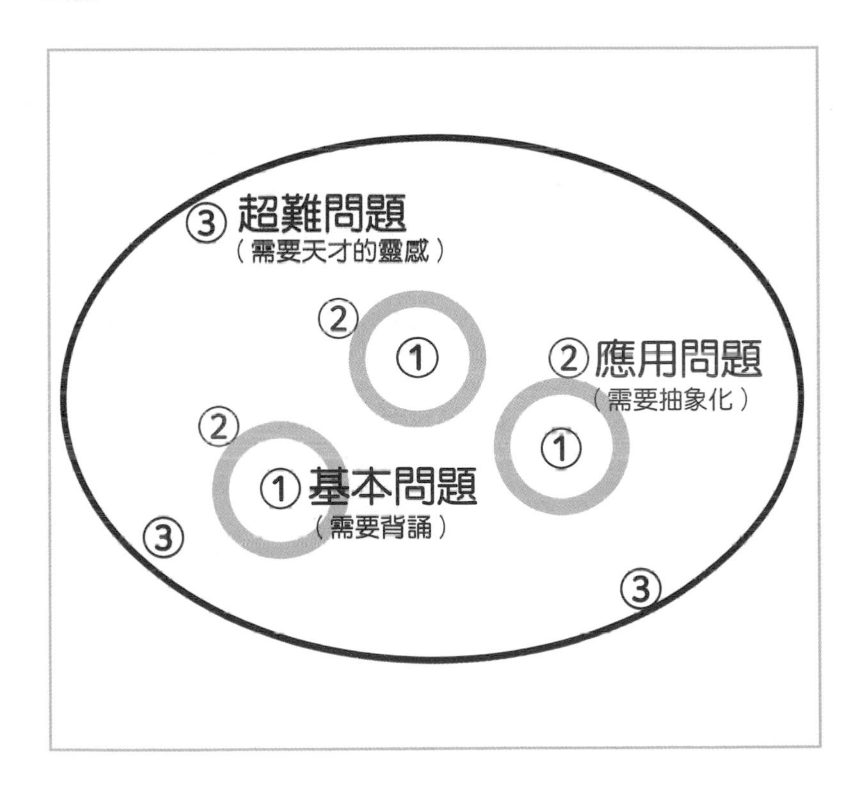

①的問題就如上頁圖所示，只要把圖中圓圈範圍的數學知識逐一背下來就可以解開。

之所以有人說「數學就是背公式」，就是因為考試常常出現這種問題對吧。

②這種考驗應用能力的問題雖然跟①不一樣，但也是只要應用或組合①的知識就能解開的問題。像②這種問題，需要的是**把知識抽象化後記憶下來的能力**。

把知識抽象化後記憶下來的能力⋯⋯？

譬如一筆畫問題，需要的不是「日字可以一筆畫完」或者「田字不能一筆畫完」這類具體的知識，而是要記住「奇數條線匯集的點在3個以上就不能一筆畫完」這種抽象化的知識。

只要記住抽象化的知識，即使遇到「日」和「田」以外的圖形，也能夠判斷可不可以一筆畫完呢。

一點也沒錯。只要把在①的問題學到的知識抽象化後記起來，當類似主題②的問題出現時就能夠使用。
零散地去背誦個別題型的解法，只能解決個別的問題；但把知識抽象化後，就能用來解決多種問題。如果不養成抽象化的能力，就得1題1題地把所有種類的題型全部背下來，學習起來會非常辛苦。

原來如此……。也就是說，以①為基礎，去解決②的問題是最理想的對吧。

雖然常常有人說「數學就是背公式」，但實際上我認為大部分會這麼說的人，天生都擁有一定程度的抽象化能力。因為他們能夠無意識地解開②的問題，所以才有辦法靠著「硬背」的方式來解題吧。

所以說，數學問題不能只單靠記憶力，而且也不能只靠應用能力呢！

如果目標是想要挑戰名校入學考的數學題目的話，我認為**背誦和應用的綜合能力始終是不可或缺的**。如果沒有足夠的知識，應用能力可以發揮的空間也很有限。

順便問一下，③的問題在剛剛的圖中位於哪個位置呢？

③的問題應該落在距離圖中圓圈最遠的位置。
由於③的問題沒有統一的傾向，故不存在一般性的解題方法。盡可能學習更多的數學知識，然後在遇到「可解開的③類問題中最接近②類問題」時把握機會，大概是唯一的解決方法。

原來如此～。所以要養成「數學能力」，最好的方法就是不管哪種問題都去練習嗎？

我認為「練習①的問題增加知識」和「練習②的問題強化應用能力」兩者都很重要。

本章就讓我們一邊看看①～③都有哪些問題，一邊尋找正確的數學學習方法吧。

終於要面對正式的數學問題了，感覺有點躍躍欲試呢⋯⋯。那就麻煩您了！

【連續整數的加法】

26 快速算出「1＋2＋3＋…＋99＋100」的方法

「典型問題」都是哪些問題？

那麼首先來看「①典型問題」的例子吧。

就是只要有背就會算的常考題型對吧！

這是只要知道題型，即使沒有想像力也能解開的問題，屬於比較容易的問題。

問題

請計算1＋2＋3＋…＋99＋100。

我想想……這題要連續做100次加法，感覺好麻煩喔……。這題是在考計算能力嗎？

這題是「將連續整數從1加到n」的知名考題。
這題答案同樣有個很有名的解法，可用下列方式輕鬆算出答案。

【解法】

將 1 到 100 的所有整數，從頭和尾依序各取 1 個數字，兩兩相加。

→每一對數字的和全部都會是「101」。

1 + 100 = 101

2 + 99 = 101

3 + 98 = 101

⋮

49 + 52 = 101

50 + 51 = 101

因為總共可分成 50 對，故答案就是

50 × 101 = 5050

計算完畢。

好厲害……。可是，的確只要知道算法就能一瞬間算出來了呢！

這個題目直到現在依然是相當有名的考題，所以只要有用功念書，就算沒有數學頭腦也應該能算出來。

說得也是。以後我也會算了！

相反地，如果事前不知道解法的話，要一下子在短時間內算出來大概很困難。

19世紀的知名數學家高斯（1777–1855）在念小學的時候曾被老師考了這個問題，結果馬上就想出了這個解法，讓大人們都驚訝不已呢。

原來這題的解法背後甚至還有偉人的小故事啊……。

這世上的確也存在第一次遇到就能馬上想出解法的人，但就算沒有偉人等級的頭腦，只要知道解法的話，想解出這類問題也並非難事。

這就是只要寫的題目夠多，能夠解開的問題也會等比例增加的典型例子呢。

瑪莉的memo

- **典型問題只要認真念書背下解題訣竅，就算不是天才也能解開。**
- **數學雖然不是單純靠背誦，但面對典型問題，背誦很重要。**

【等差數列的和】

快速算出「3 + 7 + 11 + ⋯ + 39 + 43」

什麼是「典型問題的應用」？

面對①的問題時，只要知道像「將首尾數字依序兩兩配對」這種訣竅，就能輕鬆算出答案。

那麼，下面要繼續介紹應用型的問題。

就是考驗能不能將知識抽象化，並加以應用的問題對吧。

在理想的情況下，活用前一節學到的知識，理論上應該也能解開下面的問題。

問題

請計算 $3 + 7 + 11 + \cdots + 39 + 43$。

這次不是連續整數呢！像這種題目，不就沒辦法用剛剛學到的方法計算了嗎？

如果已經在高中學過等差數列的話，應該會覺得這題跟剛剛那題沒有什麼差別才對。

但對於第一次遇到這種題目的人，就要稍微利用剛才學過的知識舉一反三一下才能解開。

【解法】

3 + 7 + 11 +⋯+ 39 + 43

跟剛剛一樣「將頭尾數字依序兩兩配對」。

3 + 43 = 46

7 + 39 = 46

11 + 35 = 46

15 + 31 = 46

19 + 27 = 46

→ 剩下 23

因為一共有 11 個數字，所以只能配出 5 對，剩下最中間的數字 23，故答案就是

46 × 5 + 23 = 253

這樣就輕輕鬆鬆算出正確答案了。

原來如此～！我一時還以為這題只能乖乖1個1個從頭加到尾，原來同樣存在更簡單的算法啊。

「抽象化」左右數學能力

相信應該有不少人會覺得這題「很難」，而同樣也有不少人會感覺這題「跟從1加到100差不多」。

跟從1加到100差不多？

這2種人的差別在於，前者是把上一節所教的解法理解成「從1加到100只要首尾配對就能算出答案」，後者則是理解成「對於相差固定值的數列和，只要首尾配對就能算出答案」。只要能像後者一樣將這個算法抽象化，2個問題看起來就會是一樣的。

意思是說，只要是「相差固定值的數列加法」，就能利用「首尾配對」算出來對吧！

即使不是「從1加到100」，只要「使用相同的算題訣竅嘗試看看」，同樣能導出解法。

所以說數學的「應用能力」，就是能用1種問題的解法去解決其他更多種問題對吧！

一點也沒錯。由此可見，**將1個問題的解法抽象化後記憶下來，便可以用於處理更多種類的問題**。

瑪莉的memo

- **不是直接背誦單一問題的解法，而是將解法抽象化來應對多種問題，這就是「應用能力」。**
- **在數學的世界，背誦和應用力兩者都很重要。**

【蘭利問題】

28 你有發現「這條輔助線」嗎？

所謂的「非典型問題」，都是什麼樣的問題？

要養成數學能力，多練習各種問題果然很重要呢！

除非是想考上某些特別難考的名校，否則基本上準備數學考試的重點就是多練習①的問題，並多思考過去學到的知識以解開②的問題。

可是要做到這點，沒有數學頭腦的話應該很不容易吧？

要把點狀的知識擴展成面，的確需要一定的應用能力。不過，由於應用類的題目始終還在既有知識的延長線上，所以只要足夠努力還是有辦法進步。真正需要數學頭腦的問題，可比②的問題困難得多了。

咦——!? 那到底是什麼樣的問題呢？

這個嘛，譬如說下面這樣的問題。

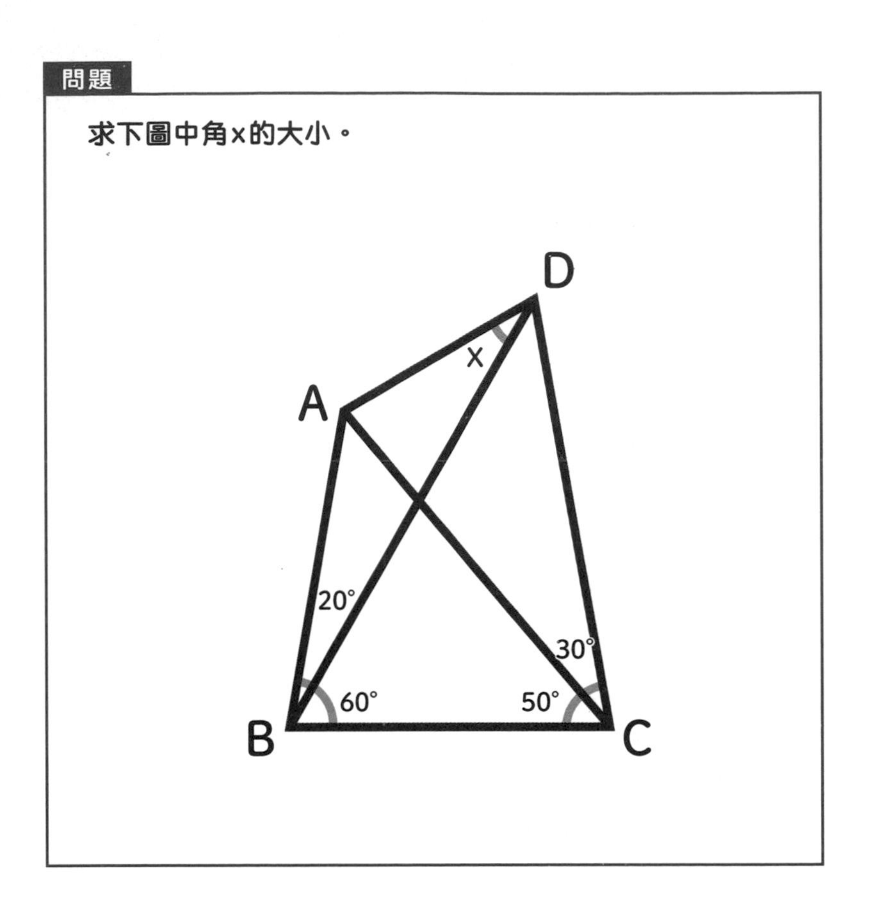

嗯？呃呃，這個既不是平行四邊形也不是梯形，只是普通的四邊形吧？

是啊。所以，我們無法利用平行線內錯角或者三角形的全等公式來解題。

四邊形中的三角形角度資訊也不夠多，這樣子不可能算得出答案吧！

其實這是俗稱**「蘭利問題」**的知名數學難題，只要畫出平常人想不到的輔助線，就能算出答案是「30°」。
首先，在CD上畫出可使∠EBC＝20°的點E。

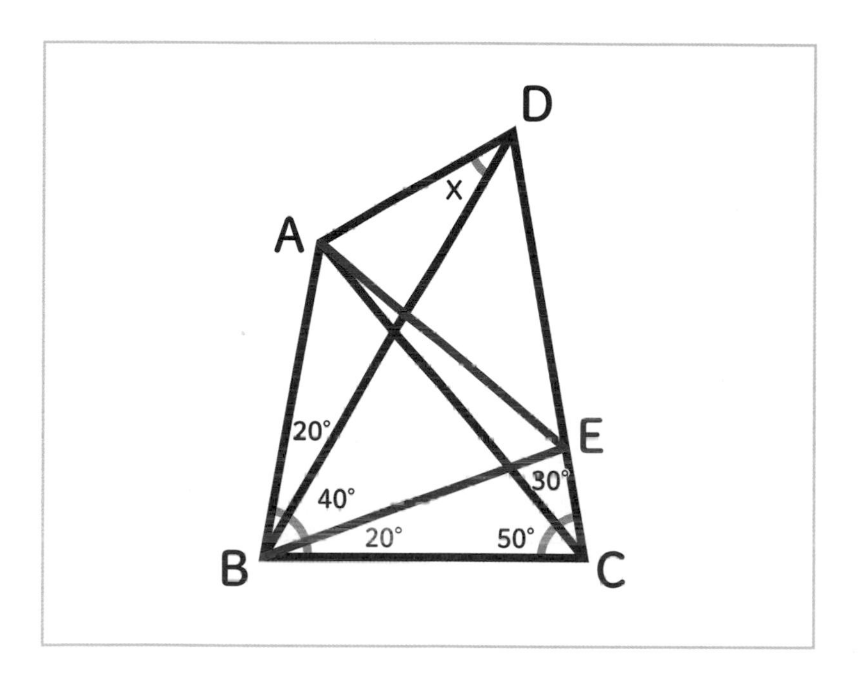

咦？為什麼要在那麼奇怪的地方畫出點E呢？

這可以說是「天才的靈光一閃」吧。雖然乍看之下很奇怪，但只要畫出這條線就能順利算出答案囉。

接下來，順著點E畫出輔助線段AE和BE。此時，可以得知BC＝BE。

……為什麼啊？

首先因為∠BCA為50°，∠ECA為30°，所以兩者相加而成的∠BCE就是80°。

觀察三角形BCE可知∠CBE＋∠BCE＝100°。

由於三角形內角和是180°，所以**∠BEC＝80°**。

也就是說，三角形BCE有2個角都是80°對吧。

妳終於發現了呢。

換言之，因為∠BCE＝∠BEC＝80°，所以可以得知**三角形BCE是等腰三角形**。

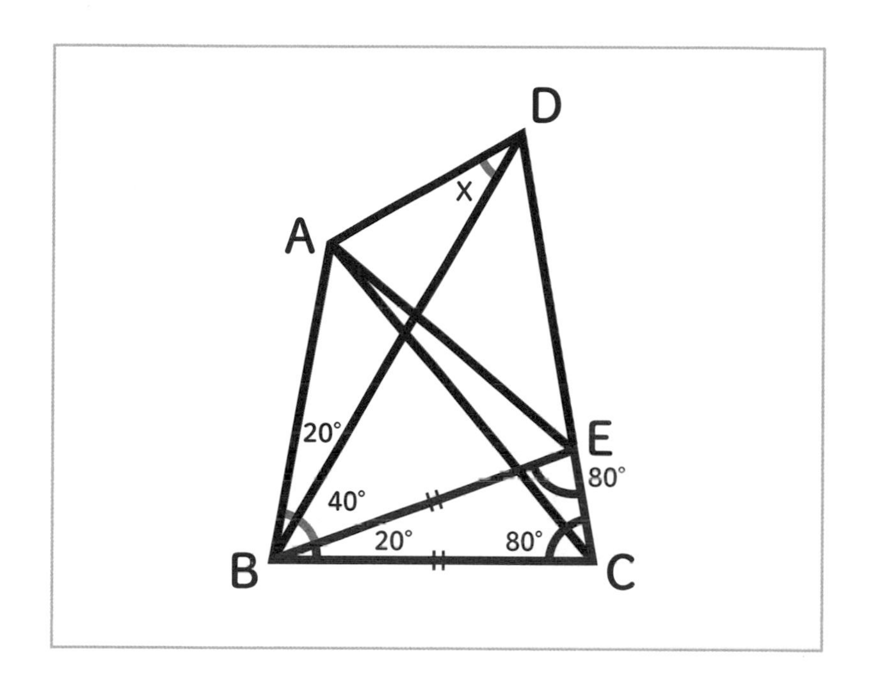

接著，再看三角形ABC。由於三角形ABC的∠BCA＝50°，∠ABC＝80°，故根據三角形內角和的數學事實，可以得知**∠BAC＝50°**。

因為∠BCA＝∠BAC＝50°，所以三角形ABC也是等腰三角形呢！

正是如此。

因此，我們也能夠知道**AB＝BC**。並由上面2個事實可以推導出AB＝BE。

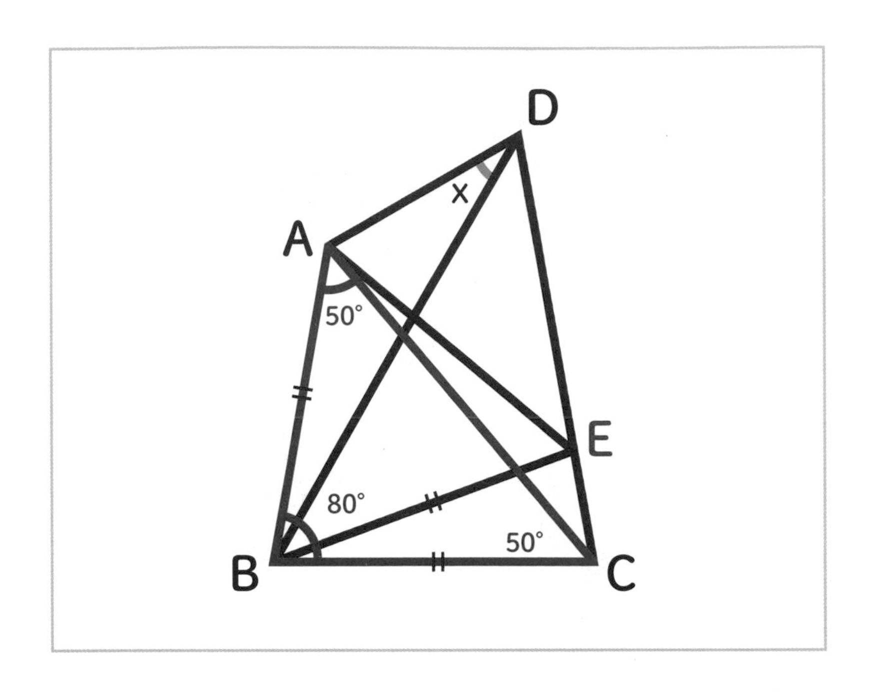

呃——？因為三角形ABC是等腰三角形⋯⋯。

因為三角形ABC是等腰三角形，故AB＝BC；三角形BCE也是等腰三角形，故BC＝BE。換言之，AB＝BC＝BE成立。

原、原來如此⋯⋯。

接著，再來看看三角形ABE。

由於AB＝BE，所以三角形ABE是AB＝BE的等腰三角形。

同時，因為頂角∠ABE＝60°，故可確定**三角形ABE是正三角形**。

終於連正三角形都出現了嗎⋯⋯。

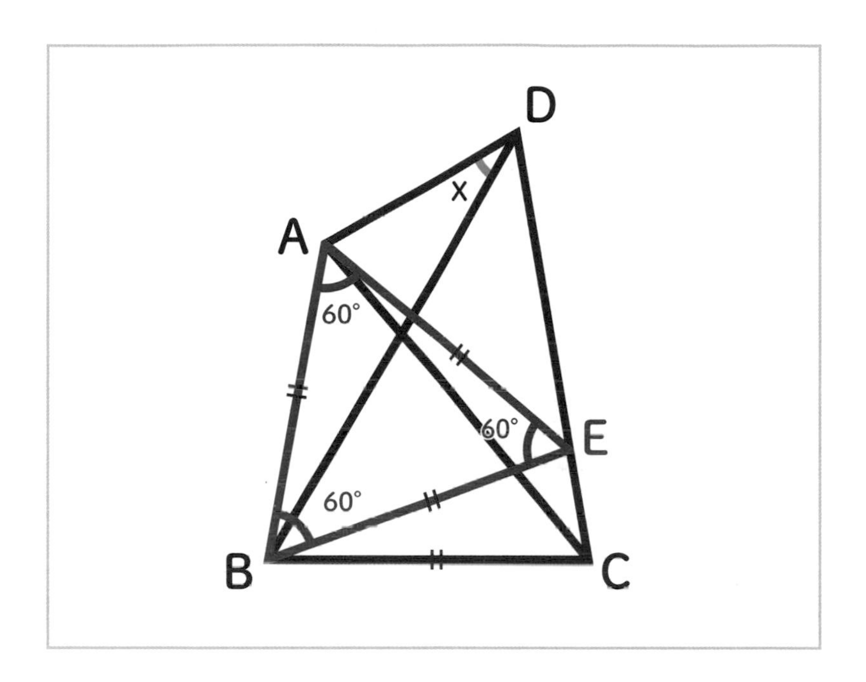

到這裡，我們再看回來三角形BCD。

此時根據上述推理可知**∠BDC＝180°－(60°＋80°)＝40°**。

由此可知，因為∠EBD＝∠EDB＝40°，所以三角形BDE是個BE＝DE的等腰三角形。

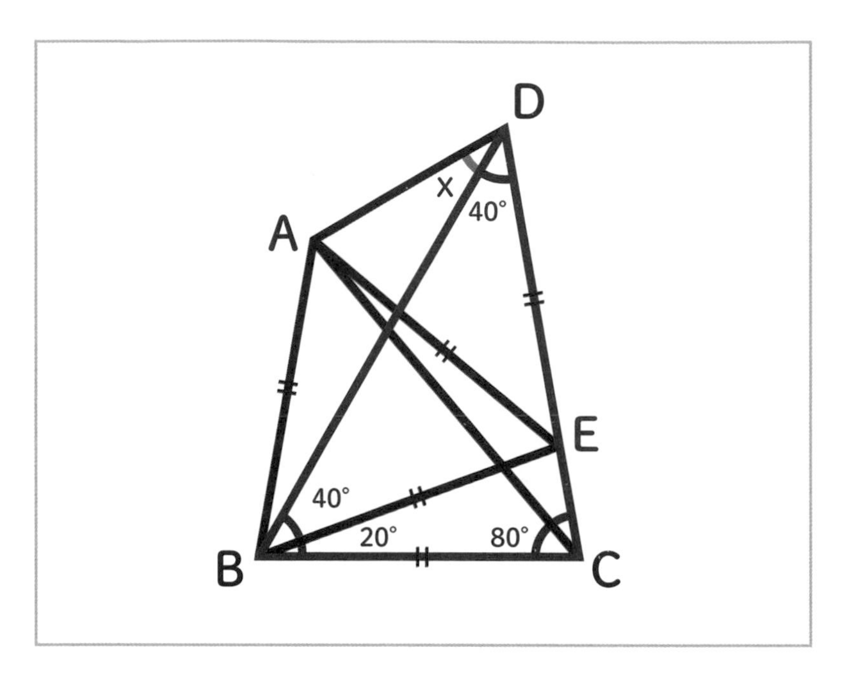

然後我們整理一下所有等長邊，可以知道AB＝AE＝BE＝DE＝BC的關係。

這個問題中的圖形都是很特別的形狀呢……。

其中，要特別注意AE＝DE這個部分。

因為∠BEC＝80°，∠BEA＝60°，而半圓的角度為180°，

所以∠AED＝40°。

因此，根據AE＝DE，可以知道**三角形EAD是頂角為40°的等腰三角形**。

哦哦哦～。這麼一來，其他2個角的角度也都算得出來了呢。

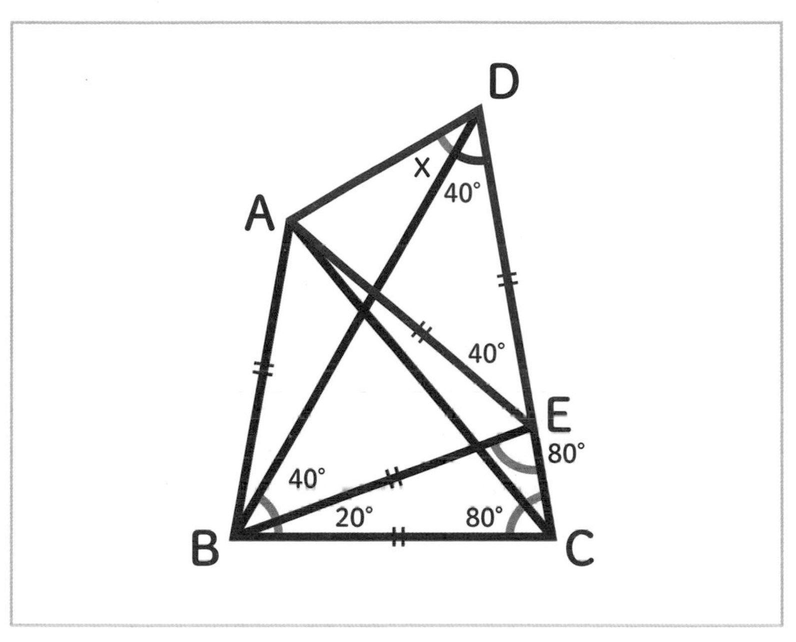

所以，∠ADE是頂角為40°的等腰三角形的底角。又由於等腰三角形的2個底角相等，所以

$$(180° - 40°) \div 2 = 70°$$

換言之，∠ADC＝70°。

這樣大部分的角度都算出來了呢！
剩下還要計算什麼呢……？

到此我們終於抵達終點了。
x的角度就是∠ADC減去∠BDC的結果。
由於我們已經算出∠BDC的角度是40°，所以答案就是
x＝∠ADC－∠BDC＝70°－40°＝30°。

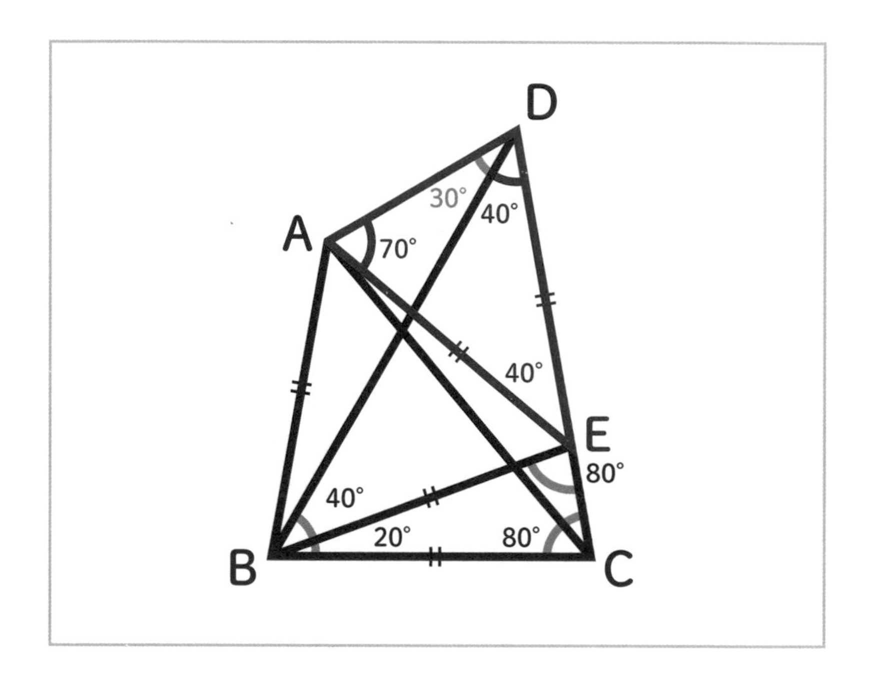

「非典型問題」不會寫是很正常的

這個問題果然很難呢！

真的太難了……。我等等要再回去重讀4遍（汗）。

確實，計算的過程相當複雜。
不過，冷靜下來重新看一遍的話，會發現解題的過程所用的其實**全是基本的小學數學知識**，對不對？

這麼說來的確是耶！
計算過程中所用到只有等腰三角形和正三角形的條件，都是小學程度的數學事實。

這個問題之所以很困難的理由，是因為需要在完全沒有提示的狀態下想出「畫出點E，然後連出2條輔助線」這種絕技。

在所有可能的選項中，為什麼偏偏是點E；除非已經事前知道解題方法，否則根本想不到理由呢……。

一點也沒錯。對於普通人而言，就算在題目中先畫好正確的輔助線，能不能從中導出正確答案都是未知數。

明明是完全摸不著頭緒的「謎之線條」，但實際算下去，卻能一口氣導出解答……。

這種「謎之線條」如果沒有具備數學頭腦，恐怕是很難想出來的。

如果沒有至少具備跟Masuo老師相當的天分，果然還是很困難啊……。

不，其實我第一次遇到這問題時也同樣解不出來。

我雖然很喜歡幾何問題，但在國中第一次看到蘭利問題的時候，心中也不禁納悶「到底為什麼要畫出那2條輔助線啊！」。

順帶一提，蘭利問題在改變題目中已知角的角度後，還可以創造出其他各種同類型的問題。這次我們介紹的已經是所有同類型問題中解法比較短的了。

真是高深的世界呢……。

話雖如此，除非是非常特殊的狀況，否則這種問題通常是不會出現在考試中的。

因為一般的大學入學考要測試的並非「天才的靈光一閃」，而是「高中程度的數學學力」。

所以說，我們不需要特別去準備這類型的問題囉？

是啊。

③的問題感覺比較像是以挑戰數學奧林匹克為目標的世界級難題。對於一般考生，只要有能力解決①的常考題和②的應用題就夠了。

就算解不開③這種需要靠想像力才能解開的問題，也完全不需要垂頭喪氣喔。

太好了！

瑪莉的memo

- **這世上也存在如蘭利問題這種靠背誦典型問題＋應用能力也解決不了的難題。**
- **由於這種難題只有少數的數學天才解得開，所以不會寫也不用沮喪。**

【數列的一般項】

29「1,1,2,3,5」的下一個數字是？

智力測試中也會出現的數列問題

到此為止我們已分別看過了
①典型問題
②典型問題的應用
③非典型問題（需要想像力的問題）
這3種問題的範例。

像③的問題這種需要想像力才能解開的問題，在智力測驗中也有出現類似的考題呢。譬如列出某個數列，要你預測下一個數字是什麼的那種……。

妳是說求數列一般項的問題吧。我在讀小學低年級時，也曾在電視的問答節目看過這類型的問題，真令人懷念呢。這裡就順便出1題來考考妳吧。

什麼問題呢？

題目如下。

問題

有一數列1,1,2,3,5,…，請問下一個數字為何？

唔哇！這不是需要想像力的問題嗎（汗）。

不過，上面的數列可以理解成**「下一個數字等於前2個數字相加所組成的數列」**喔。

咦？什麼意思啊？

讓我們從最前面開始1個1個往後看吧。

【解法1】

1, 1, 2, 3, 5, …

1 + 1 = 2 ← 第1個數加第2個數等於第3個數

1 + 2 = 3 ← 第2個數加第3個數等於第4個數

2 + 3 = 5 ← 第3個數加第4個數等於第5個數

3 + 5 = 8 ← 第4個數加第5個數等於第6個數

換言之，答案是「8」。

唔——嗯，這種問題，真希望有更簡潔快速可以一口氣算出來的解法……。

順帶一提，像這樣的數列叫做「斐波那契數列」。
如果沒有學過斐波那契數列就能發現其中的規律的人，代表他的頭腦非常靈活喔！

剛看到這個數列時，我雖然有想到以前在高中時學過的某個數列，不過沒有想出來公式是什麼……。

聯想到數列是正確的！
事實上，這題有個需要留意的地方，而這點與數列有關喔。
以下介紹另一種有一點拐彎抹角的思考方法。

【解法 2】

雖然這屬於高中數學的內容，但這個數列也可以用函數來理解。
譬如以一數字的排列順位為 x，數值為 y，則 x 與 y 具有以下對應關係。

當 $x = 1$ 時，$y = 1$
當 $x = 2$ 時，$y = 1$
當 $x = 3$ 時，$y = 2$
當 $x = 4$ 時，$y = 3$
當 $x = 5$ 時，$y = 5$

由於題目中沒有特別註明其他條件，故也可將此數列當成通過這5個點的最簡單函數，也就是**4次函數**。

乍看之下是數列的問題，但原來也可以用函數來想，真是有趣呢！

題目中並沒有寫明「這是什麼樣的數列」等條件。
因此，理論上並沒有正面否定不能當成4次函數來思考。

所以，這是什麼樣的函數呢？

花點力氣計算通過這5個點的4次函數後，可以得到以下這樣複雜的式子。

$$y = \frac{1}{12}x^4 - x^3 + \frac{53}{12}x^2 - \frac{15}{2}x + 5$$

而我們要求的是數列的第6個數，故將x＝6代入此式，即可得到y＝11。

如此一來，就推導出了11這個跟斐波那契數列不一樣的答案了呢。

當然，解法2是個有點詭辯、旁門左道的求解方法。不過，並沒有任何理由可以說答案是錯的。

但數學考試是必須回答出唯一正解才能得分的系統，所以出題時一定得設計成只會有單一的解答。

所以要設計出好的數學題目，也要花費不少工夫呢。

在算數和數學的教科書中，為了排除這種旁門左道的反論，往往會把題目描述得盡量周全，或是反過來刻意模糊、省略說明。我想這就是教科書之所以常常難以理解的原因之一。

我認為有能力探討數學的細微癥結的人，應該大多數都是擅長找出事物例外和吹毛求疵的人。

啊——我懂我懂！在平常對話的時候，如果在這類人面前講話太籠統不拘小節，就會被他們批評不能所有情況都一概而論呢。

這種雞蛋裡挑骨頭的批判，在日常生活中雖然常給人不好的觀感，但在建構數學理論時卻很重要。因為吹毛求疵的人，比較有能力發現一個理論中的細微漏洞。
像是這個斐波那契數列的問題也是，要是老師把解法2直接當成「錯誤答案」，就會因此損失了增進數學能力的好機會。

那正是我小學數學學得那麼痛苦的原因呢……。
這次上了老師您的課，我終於重新體會到數學的樂趣所在了！

瑪莉的memo

- **智力測驗中常見的「求下一個數字的問題」其實可以有不同的答案。**
- **即使是看似旁門左道或詭辯的解法，只要在數學上沒有問題，就是正確答案。**

【用有限的數湊出特定數字】

用4個「4」拼出「0～10」

也有「考驗計算能力的問題」

整理到此為止我們學過的內容：

> ①「典型問題」可幫助我們掌握數學知識。
> ②「典型問題的應用」可訓練我們的應用能力。知識和應用力都是不可或缺的。
> ③「非典型問題（需要天才靈感的問題）」雖然解開的話很有成就感，但對考試不是必要的。

考試真的不需要天才的靈光一閃嗎？

基本上，一般的學力測驗要測試的是與學校課程有關的知識。像③這種需要天才靈感的問題，原本就不在學校課程的教授範圍內，所以一般的考試是不會出現的。

原來如此⋯⋯。可是要考東大這種名校的話，應該就需要③這種天才的靈感了吧？

雖然只是我個人的感覺，但近年就連東大的入學考也沒有出現③那類的考題。

真意外。原來東大不要求學生擁有強大的想像力嗎？

我感覺以東大來說，比起超人的想像力，他們的難題更多的是在考驗學生的計算能力。

考驗計算能力？

也就是在分類上雖然屬於①或②類型的問題，但「要算出答案需要大量的運算和窮舉」的這類問題。

這類問題要想出解法雖然不會太過困難，但要算出答案卻相當辛苦。需要學生具備「快速且正確地處理大量計算和窮舉各種狀況的能力」。

所以「計算能力」指的就是「快速且正確地處理大量計算和窮舉各種狀況的能力」對吧。

那麼，什麼樣的問題需要計算能力呢？

這裡雖然沒辦法直接拿東大出過的考題來解說，但下面讓我們一起看看需要計算能力的問題範例吧。

「考驗計算能力的問題」究竟是哪種問題？

問題

請使用4個4的四則運算，計算出0到9的結果。

之前看過的題型都有我意想不到的公式可以快速求解，但這次的看起來……。

是的。這題唯一的辦法只有實際算算看。0到9分別可以用下列方式算出。

$4-4+4-4=0$

$(4\div4)+4-4=1$

$(4\div4)+(4\div4)=2$

$(4\times4-4)\div4=3$

$(4-4)\times4+4=4$

$(4\times4+4)\div4=5$

$(4+4)\div4+4=6$

$4+4-(4\div4)=7$

$4+4-4+4=8$

$4+4+(4\div4)=9$

沒辦法用4個4算出10嗎？

這個嘛，我想光靠四則運算大概無論如何也算不出10這個數字。不過，要證明這件事非常麻煩。

要證明「做得到」，只需要實際算出一個個範例就可以了；但要證明「無論如何都做不到」，就必須逐一嘗試並確認所有可能的計算方法，所以用手算實在不太可能……。

那這個問題是「考驗計算能力的問題」嗎？

如果把這個問題看成「總而言之實際試試看各種算法，找出能得出1～9的算式」的問題，那麼的確可以說是「考驗計算能力的問題」吧。

的確，這題需要具備快速算出各種可能組合的能力呢。

另一方面，天生擁有數學想像力的人，在嘗試各種組合的時候，應該有能力「迅速跳過明顯行不通的組合」或「優先嘗試最有可能的組合」。換言之，這一題也可以視為是③「需要想像力的問題」。

確實……。

換言之，本章介紹①～③的問題分類並不是絕對的，有時候也會遇到無法明確分類的問題類型。

譬如對於某些人來說，這一題屬於①「考驗計算能力的問題」，但對於某些人來說則是③的問題。

說得沒錯。某個問題究竟該歸入①～③的哪一類，有時也會因人而異。

不過，我認為數學中存在「①典型問題」、「②典型問題的應用」、「③非典型問題」這3種，以及要解開這3種問題分別需要「知識」、「應用力」、「想像力」應該是事實。

如何才能解開數學問題

那麼，如果想要解開需要計算能力的問題的話，應該要怎麼做才好呢？

基本上只能多寫題目了。只要大量練習①和②的問題，計算能力自然就會提升。

還有，平常就要多提醒自己「計算能力很重要」。在計算失誤的時候，也不要給自己找藉口「反正我知道解法，所以這題其實不算答錯」，而應該是要反省「我的計算能力還有待加強」。

原來如此⋯⋯。因為計算失誤而無法正確解題時，不能抱持著「反正我知道怎麼算所以不用複習」的想法，而應該好好反省計算錯誤的原因，提升自己的計算能力才對呢。

說得沒錯。最後我們統整一下本章的內容。想成為數學高手，必須隨時謹記以下4點。

「背誦是必須的」
「應用能力（抽象化能力）也是必須的」
「計算能力也是必要的」
「即使沒有天才的靈感，也足以應付學校的考試」

想成為數學高手，需要同時滿足很多項要素呢。數學的世界真的好深奧喔。儘管只是小學程度的數學，但我終於能享受徜徉在數學世界的樂趣了！

結語

本書的目的主要有以下2個。

1. 讓讀者對於小學數學課沒有講解的數學規則和事實有透徹的理解，並且可以將兩者的區別解釋給他人聽。
2. 讓讀者一窺數學專家思考數學的方式。

尤其為了實現1的目的，本書更以兼顧「周全明白」和「淺顯易懂」為目標。

而兼顧「周全明白」和「淺顯易懂」，也是我平時就一直放在心上的一件事。

在數學的世界，往往只要論證的過程中有1個小漏洞，整個結論就會崩潰，使得整個理論潰散或者讓證明完全失去價值，所以「周全明白」非常重要。

另一方面，我認為「淺顯易懂」也同樣重要。無論證明再怎麼嚴密，若是讓人無法理解的話，對閱讀者而言同樣毫無價值。

在小學範圍的數學中，要兼顧「周全明白」和「淺顯易懂」是非常有趣且艱難的挑戰。在經歷了反覆的嘗試和失敗後，我深信自己已經在一定程度上兼顧了這兩者。

換言之，若假設存在一常數c，並且以市面上所有以小學數學為主題的書籍為對象的話，我認為本書應該是「淺顯易懂」＋c×「說明周全度」所得出的最大值中的一本。

但另一方面，由於上述的c本身就不怎麼大，所以在數學專業的人眼中或許本書仍有一些「不周全」的感覺。

譬如本書並未談及公理和定義的微妙差異、粗略地將「定義」泛稱「規則」、將「定理」泛稱為「事實」。

還有，第2章我將面積定義為「相當於幾個正方形的大小？」，以此推導出長方形的面積定理，但長方形面積的定義一般其實是長×寬。然而，考量到如果追求更高的「說明周全度」，將會嚴重犧牲掉「淺顯易懂」，因此我認為本書的內容應是最適當的。

雖然稱不上「完備嚴密」，但我期許本書的內容最後能讓讀者徹底理解定義和定理的差異，並體會到「以定義為地基，一步一步構築定理的數學樂趣」。

最後，在此要對於幫忙為本書進行審稿的朋友和家人獻上由衷的感謝之意。

2020年2月

難波博之

[著者簡介]

難波博之

1991年出生，在日本岡山縣長大。東京大學工學部畢業。東京大學大學院情報理工學系研究科碩士畢業。

自懂事起便喜歡數字和圖形，國中一年級開始自學高中範圍的數學。高中時期，在國際物理奧林匹克墨西哥大賽上得到銀牌。大學時代，用「マスオ（Masuo）」的名義開設以「深入淺出教導深奧的數學定理」為宗旨的網站「高校数学の美しい物語（高中數學的美麗物語）」。在大學生、考生及數學愛好者間迅速引起話題，成為每個月擁有150萬點閱數的超人氣網站。

現在於大型企業從事研究開發工作，同時仍繼續經營「高校数学の美しい物語」網站。

著有《高校数学の美しい物語》（SB Creative）。

日文版Staff

裝幀	西垂水敦・市川さつき（krran）
內文插圖	いしかわみき
內文設計・DTP	Isshiki（DIGICAL）
編輯協力	野村光
責任編輯	鯨岡純一

GAKKO DEWA ZETTAI NI OSHIETEMORAENAI CHO DEEP NA SANSU NO KYOKASHO

計算×圖形×應用
從原理開始理解數學

2021年2月1日初版第一刷發行
2024年10月15日初版第三刷發行

著　者	難波博之
譯　者	陳識中
編　輯	劉皓如
美術編輯	黃瀞瑢
發 行 人	若森稔雄
發 行 所	台灣東販股份有限公司
	＜地址＞台北市南京東路4段130號2F-1
	＜電話＞（02）2577-8878
	＜傳真＞（02）2577-8896
	＜網址＞https://www.tohan.com.tw
郵撥帳號	1405049-4
法律顧問	蕭雄淋律師
總 經 銷	聯合發行股份有限公司
	＜電話＞（02）2917-8022

國家圖書館出版品預行編目（CIP）資料

從原理開始理解數學：計算×圖形×應用 / 難波博之著；陳識中譯. -- 初版. -- 臺北市：臺灣東販股份有限公司, 2021.02
240面；14.3×21公分
ISBN 978-986-511-581-4（平裝）

1.數學 2.通俗作品

310　　109021167